THE 22 DAY REVOLUTION

植物性饮食革命

22天改造身体、重塑习惯

Marco Borges

[美]马可·博尔赫斯 著　赵燕飞 译

献给我的妻子和挚友玛丽莲，谢谢你的爱和支持。

献给我的儿子们，小马可、马泰奥和马克西莫，你们是我生命中的太阳和月亮。

目 录

序　言　掌控你的生命质量　　　　　　　　1
导　言　疗愈从觉知开始　　　　　　　　　3

第一部分　改变你的习惯，改变你的人生
为什么植物性饮食革命如此有效

1　欢迎来到植物性饮食革命　　　　　3
2　积极的习惯创造积极的生活　　　　19
3　植物统治　　　　　　　　　　　　26
4　你的食物 = 你的健康　　　　　　　36

第二部分　准备就绪
设置你的成功策略

5　通往成功的每日策略　　　　　　　47
6　植物性饮食革命营养入门　　　　　58
7　植物性饮食革命厨房　　　　　　　75
8　植物性饮食革命每周购物清单　　　86

第三部分　出发吧！
植物性饮食革命计划

9　第一周：培养成功的饮食习惯　　　93

10	第二周：创造持续性	122
11	第三周：提升意识	154
12	第二十二天：你最美人生的序幕	181

第四部分　加大革命功率
让革命为你所用

13	优雅地应对挑战	187
14	健身革命	192
15	减肥快速化	207

第五部分　一生的革命
22 天后的菜单与动力

16	22 天之后	213
17	无比美妙的果昔	215
18	更多革命美味	218

结束语　开始你的革命，就在今天！　239
附　录　关键维生素列表　240
致　谢　241
出版后记　243

序　言

掌控你的生命质量

我在休斯敦出生、成长，美食是我们德克萨斯州人的最爱，食物一直在我家里占据中心地位，是我成长过程中的重要组成部分。食物（不一定是健康食物）是我们庆祝节日、维系情感、表达慰藉与爱的方式。家乡人最爱的食物是炸鸡、墨西哥玉米饼、户外烧烤、炸虾和"穷小子"三明治。多年来四处奔波的我养成了一些不好的饮食习惯，它们默默地损害着我的健康。

生下女儿后，我暗自下决心要重新掌控自己的健康和身体，但我不想搞速成节食。我现在是妈妈了，应该做女儿的榜样。于是我联系了我的密友兼健身营养专家马可·博尔赫斯。多年来，马可帮助我维持健康体形，我信任他。他常常跟我谈起植物性饮食（plant-based diet）的惊人益处，我听了也觉得植物性饮食很棒，也想体验它的益处。虽然我也在日常饮食中纳入了植物，但似乎做不到全盘接纳。我太热爱食物了，还没准备好舍弃一些食物，我需要一个契机。

一年后（大约在2013年11月），我和我的丈夫决定尝试马可推荐的全植物性饮食。之前通过马可制订的锻炼与营养方案，我成功恢复了孕前体重。现在我想更加积极主动地掌控我的健康，我知道植物性饮食就是答案，我准备好了。

一场梦幻旅程开始了，我的身材变得越来越好。我曾以为植物性饮食跟其他节食法一样，会剥夺你的食物，不允许你去餐厅、聚会，让你头疼、易怒。但完全不是这样。几天适应期过后，我发现自己有明显的变化：精力更旺盛，睡眠质量更高，体重更轻，消化功能更好，思维更清晰。我更加坚信植物性饮食的持久威力，植物性饮食对自己、家人、朋友和环境都好。令我不敢相信的是，我竟然能通过掌控食物来掌控健康，同时又不用割舍对美食的热爱，而且这次美食也爱我。我们还用全素派对庆祝我丈夫的生日，看到植物美食，朋友们有的特兴奋，有的有顾虑，但最后大家都吃得很满足。健康是植物性饮食送给你和家人朋友的最好礼物。

我跟大家分享这些体验，是希望每个人都来尝试植物性饮食，把最好的礼物送给自己和家人。你值得拥有最美好的人生，力量来自你的内心决定，你能通过食物来掌控你的生命质量。如果一个休斯敦长大的吃货都能做到，你也能做到，你只需要尝试22天！

碧昂丝（Beyoncé），美国知名女歌手

导 言

疗愈从觉知开始

近四十年来,我和美国预防医学研究所及加州大学旧金山分校的同仁们做了一系列临床研究,证实了综合性生活方式转变的许多益处。这些生活方式的转变涉及:

- 全食、植物性饮食(降低脂肪、精制碳水化合物的摄入)——正如本书所介绍的
- 压力管理技巧(包括瑜伽、冥想)
- 适当的身体锻炼(如散步)
- 人际支持和社团(爱与亲密)

简而言之,我们应该吃好、多活动、少发愁、心中充满爱。很多人认为医学进步都是和高科技以及金钱相关的,比如某种新药、激光和外科程序,我们很难相信简单的生活方式转变就能产生如此大的作用,但的确如此。

研究过程中,我们使用最前沿的科学方法证实了这些简单、低科技、低成本干预手段的威力,并在一流的医学学术期刊上发表了这些随机可控实验

的研究结果。

我们发现，综合性生活方式的转变不仅能预防许多慢性病，还能逆转这些疾病进一步恶化的趋势。

我们率先证实了生活方式转变能逆转心血管疾病的进一步恶化，五年测量结果比一年测量结果逆转效果更好，心脏病发病次数减少了60%。此外，生活方式转变还能逆转二型糖尿病，减缓、停止甚至逆转早期前列腺癌的病情发展。

改变生活方式能改变基因，在短短三个月内，能开启使你健康的基因，关闭诱发心脏病、前列腺癌、乳腺癌和糖尿病的五百多种基因。人们常说："这些都是基因、遗传，我又能做什么呢？"你当然有事可做！懂得了生活方式可以改变基因，你是不是非常振奋？基因是一种倾向，并不是你的命运。

我们的最新研究表明，饮食和生活方式的改变甚至可能延长端粒的长度。端粒位于染色体两端，决定人的寿命。你的端粒延长了，寿命就延长了。这是迄今为止第一次对照实验，证明了生活方式的改变能通过延长端粒的长度在分子层面逆转衰老过程，生活方式的改变越持久，端粒就延长得越长。

这跟个性化药物不同。不是说逆转心脏病需要一种药，逆转糖尿病需要另一种药，改变基因或延长端粒需要第三种药。在我们的所有实验中，只要求患者食用全食（whole-foods）、植物性饮食。似乎只要给了身体正确的原料，身体就知道该怎样生产个性化药物似的。

这不是全有或全无的关系。在我们的所有实验中，我们发现各个年龄段的结果都是——饮食和生活方式的改变越大，身体和心情的改善就越大。如果你今天放纵了自己，第二天就吃得健康些。

"生活方式药物"是当今医药界最具影响力的趋势之一，即生活方式既是预防方法又是治疗方法。

对你好的东西也对地球好。当我们转变为全食、植物性饮食，我们不仅改变了自己的人生，也对地球环境产生了积极影响。

全球变暖、高昂的医保成本、能源危机，所有这些令我们不知所措，我们自问："我作为一个个体能做些什么呢？"这个问题让我们抑郁、虚无、无所作为。

然而，当我们意识到我们每天选择吃什么食物对上述危机均有影响时，我们感到自己是重要的、自己的选择是有意义的。有意义带来可持续，带来长寿。

健康危机

每年 2.8 万亿美元的医保花销中，75% 以上花在了慢性病上，这些慢性病是可以通过植物性饮食来预防甚至逆转的。

欧洲在癌症和营养方面的前瞻性研究发现，遵守健康饮食原则（少食肉，多食水果、蔬菜和全麦面包）并且不吸烟、不超重、每日至少锻炼 30 分钟的病人与其他病人相比，患慢性病的概率减少 78%。具体来讲，患糖尿病的概率减少 93%，患心脏病的概率减少 81%，患中风的概率减少 50%，患癌症的概率减少 36%。

另一项对两万多名男性的研究发现，没有腹部脂肪堆积、饮食健康、不吸烟且锻炼适度的男性心脏病发作风险能减少 80%。

这不仅仅是低脂还是低碳水化合物的问题。另一项研究发现，独立于脂肪和碳水化合物之外的动物蛋白质能显著增加早亡风险。六千多名被试中，50～65 岁饮食习惯含大量动物蛋白质的人，在接下来的 18 年内，死亡率升高 75%，癌症致死率升高 400%，二型糖尿病发病率升高 500%。

与此同时，生活方式整体改变的优势越来越被研究证实，高科技药物的缺陷也越来越明显。

随机对照实验证明,血管成形术、斯滕特氏印模和冠状动脉搭桥术并不能预防心脏病发作及延长生命。前列腺特异抗原值低于10的早期前列腺癌患者中仅有1/49能从手术或放疗中获益。二型糖尿病和前驱糖尿病在美国泛滥成灾,波及几乎一半美国人口,但使用药物降低血糖并不能有效阻止糖尿病并发症。美国联合医疗推测,到2020年,二型糖尿病的治疗成本将为3.3万亿美元,显然不可持续。

生活方式药物既有效又划算,它有效利用了身体自身的生物机制。我们的研究证明,将生活方式药物用作治疗（不仅是预防）,在第一年就可节省大量成本。

美国蓝十字蓝盾医保组织发现,西弗吉尼亚州、宾夕法尼亚州和内布拉斯加州的24家医院和诊所中,经历了生活方式改变的心脏病患者和心脏病高风险人士,其医疗支出减少了50%。在另一项研究中,奥马哈互助保险公司发现,经历了生活方式改变的患者医疗支出在第一年平均每人减少了30000美元。

自2010年起,美国医保开始将生活方式药物划为可报销的范畴。如果它是可补偿的,它便是可持续的。（想了解更多信息,请登录 www.ornish.com）

全球变暖危机

很多人不知道畜牧业比交通业制造的温室气体还多,全球畜牧业贡献了18%的温室气体,而全球交通网络贡献了13.5%的温室气体。最新研究估计,牲畜及其副产品占全球每年温室气体排放量（至少326亿吨二氧化碳）的50%以上。

畜牧业制造的甲烷占人为制造甲烷总量的37%，而甲烷对臭氧层的伤害性是二氧化碳的23倍。畜牧业制造的一氧化二氮占人为制造一氧化二氮总量的65%，而一氧化二氮的温室效应是二氧化碳的296倍。一氧化二氮和甲烷大多数来自粪便，可想而知，560亿头牲畜每天会制造多少粪便！

畜牧业使用着30%的全球陆地总面积，大多数是牧草场，但还有33%的全球可耕地被用来种植牲畜的饲料。大片森林被砍倒，用来做牲畜的牧草场，亚马孙70%的森林已经被砍伐用来放牧。

能源危机

美国超过50%的谷物、全世界将近40%的谷物被用来喂养牲畜，而没有直接被人食用。美国有超过80亿头牲畜，喂养这些牲畜所需的谷物大约是美国总人口食用谷物的7倍。

生产一千克新鲜牛肉需要约13千克谷物和30千克草料，这些谷物和草料需要43000升水。

我们选择植物性饮食，就相当于节约了大量资源，这些资源可以转而惠及更多的人。我认为这是非常有意义的事。当我们怀着同情心行动，我们的心灵也得到滋养。

我们每一天都在做出选择，如果我们得到的大于放弃的，这种选择就是可持续的。植物性饮食所蕴含的生物机制十分强大，你只需坚持22天，就能体验到各方面的提升。你将发现你的选择是多么值得，为了生的喜悦，而非出于死的恐惧。

基于以上种种原因，这本书来得真是太及时了，我们的身体、人生需要植物性饮食革命！

马可·博尔赫斯亲身实践着这本书的核心价值，他所阐述的植物性饮食革命将对你的健康产生重大影响。

哈佛医学专业研究和哈佛护士健康研究追踪了 37000 多名男性和 83000 名女性，人年数将近 300 万人年。研究发现，加工红肉和未加工红肉的食用与早死率增高有关，死亡因素包括心血管疾病、癌症和二型糖尿病等。

红肉吃多了不仅会阻塞心血管，还会造成勃起障碍、阳痿，40 岁到 70 岁的男性中，超过 50% 的人有勃起障碍。幸运的是，马萨诸塞州男性老年化研究表明，多吃水果、蔬菜、全麦和鱼，少吃红肉、加工肉类和精制谷物，可以大大降低阳痿风险。

这不是全有或全无的关系。先从不吃肉的星期一（或者星期二、星期三）做起，朝着植物性饮食的方向行进，你就能够获益。

你将变得更漂亮、更快乐，性生活更棒，温室效应也将因你而减轻。

这才是真正的可持续化。

迪恩·奥尼什（Dean Ornish），医学博士
美国预防医学研究所创始人、所长
美国加州大学旧金山分校临床医学教授
《个体光谱》《迪恩·奥尼什博士的心脏病逆转方案》作者

植物性饮食革命宣言

■

我们相信成功是努力与坚持的副产品

■

我们相信我们应该过渴望的生活而非现有的生活

■

我们相信我们拥有改变的力量

■

我们相信自己

牧野民主命令書

第一部分

改变你的习惯，改变你的人生

为什么植物性饮食革命如此有效

1

欢迎来到植物性饮食革命

你想从这一刻起,持久改善你的健康状况吗?你能做到。怎么做到?从植物性饮食开始。①

植物性饮食是最强大、最有效、最简单的改善健康的方法。如果你想减轻体重,如果你想身材更棒、身体更强壮,你就必须食用更多植物。患上肥胖症、心脏病和糖尿病这些疾病都是因为吃了太多错误的食物。如果你经常吃加工食品,比如说加糖的麦片、加工的肉类,你很可能摄入热量过量,摄入维生素和矿物质不足,你的身体将不可避免地变胖,最终生病。

植物性饮食能帮你减轻体重,并且绝不反弹。植物性饮食使你每天精力充沛,阻止心脏病和高血压的降临。植物性饮食是根除困扰我们的重大问题的良药,无论是愈演愈烈的疾病,还是逐渐分崩离析的自然环境。植物性饮食是我的生活原则,我把它传递给我的家人、朋友和客户,因为我深信植物

---

① 我说的"从这一刻起"是认真的,先停一下,去拿一个水果或者切个鳄梨,瞧,你已经开始了!

性饮食至关重要，它是对我们身体的爱护，也是对地球母亲的爱护。

二十年来，我帮助客户减轻体重，重获健康，在这个过程中我切身体会到：饮食是我们最重要的工具，植物性饮食是带给我们活力、长寿和好身材的最佳秘诀。

为什么植物性饮食更健康

▶ **植物帮你减轻体重。**
当你的味蕾适应了天然的全食植物，你对加工食品和糖类的欲望就会下降。

▶ **植物使你精力充沛。**
充足的新鲜水果和蔬菜为你的身体补充足够的维生素和矿物质。你的身体无须再费力消化过度加工的食品，终于可以专注于细胞的修复和再生了。

▶ **植物使你长久健康。**
在接下来的章节中，你会发现，植物性饮食能逆转心脏病、糖尿病、高血压、肥胖症及其他疾病，这些疾病的根源都在于吃了太多不健康的加工食品。

听起来可能有点夸张，但植物性饮食实际上非常普遍，世界上有 40 亿人主要以植物为食，仅 20 亿人主要以肉类为食。植物性饮食流行的地方，健康问题就少，高血压和心脏病患者都会比西方国家要少。有着全世界第二大人口的印度，12 亿人中有 5 亿人是素食者。真正离经叛道的是西方注重肉类、奶制品、鸡蛋及加工食物的饮食方式。美国人的腰围、健康，甚至环境都在付出着代价。

每当客户来咨询我如何减肥、如何重新掌控自己的生命时，我就教他们如何多吃植物，少吃毒害他们身体的加工食品。在植物性饮食的帮助下，我的客户能减掉10磅[①]、100磅，彻底改变他们的整体健康水平。在短短几天、几周内，他们亲身体验到惊人的变化，看着自己体重一点点降低，精力和活力却不断上涨，疾病逆转了，身体更健康了。

我首先必须帮他们克服一个最大的障碍：认为放弃肉和动物食品是不可能的。没有培根？没有奶酪？是的，放弃这些你认为必不可少的美味原料，你将得到更多。有规律地食用植物，发现植物性饮食的美好，你将创造新的神经连接来支持你新习惯的养成。当你习惯了植物性饮食，并且切身感受到它的益处，它将变为你的第二天性，你会很难想象还有其他的吃法。

植物性饮食革命是一项高强度的方案，致力于重塑你的身体和心灵，让你的身体变得健康，摆脱多余的体重。植物性饮食革命是富有挑战性的，但当你的身体适应了正确的食量后，你将感受到什么是八分饱。如果你多年来都吃饭过饱，或超重五十多磅，你会觉得正确的食量似乎很不够，这时你可以吃少量健康零食。如果你的目的是改善健康而非减肥，你应该会很适应正确的食量。植物性饮食革命的目的在于改变、创造新习惯、打破旧习惯。在短时间内就彻底转变你的人生，你不想试试吗？

我将植物性饮食与习惯培养理论相结合，创造出植物性饮食革命计划，用22天将人们领入植物性饮食天地，重塑他们的习惯，使植物性饮食的习惯能够长期保持。

很多人尝试过健康饮食方案，但能持久坚持的人并不多。植物性饮食革命的目的是，让你跨越那个大多数人失败的点，让你创造可持续性的改变。一些心理学家认为习惯的养成或打破需要21天。人的大脑能构建全新的神经连接，某一项行为你重复越多，神经连接就越容易搭建。科学家把这叫作神

---

① 1磅约为0.45千克。

经可塑性，即大脑在面对新的信息、感官刺激、发展、损伤和机能障碍时，改变其神经连接及行为的能力。

在这 21 天中，挑战自己去接纳更健康的饮食习惯。在第二十二天，你将以崭新的身心开启你的生命。如果你能坚持三周，你就能坚持到永远！

挥手告别那些不成功的节食经历吧，告别那些吃得太多、太饱，体重增加，然后严格控制食量，感觉人生如此悲惨的记忆吧。植物性饮食让你即刻活力四射，未来长期的益处也一定使你惊喜万分。

植物性饮食革命赋予你掌控自己人生和身体的工具。三周之后，你将建立全新的生活方式，一个让你快乐、满足的生活方式。

你手里拿着的就是寻宝图。

植物性饮食革命教你用吃植物的方式来减轻体重、重获健康。

- 植物性饮食革命帮你改变习惯，你将觉察那些损害你健康、让你体重增加的无意识习惯。
- 植物性饮食革命提供美味的菜谱，让你在变得健康强壮的同时，喜欢上植物新鲜的风味。
- 植物性饮食革命是发现之旅，你将意识到，爱食物和减肥可以毫不冲突，你可以毫无内疚地享受美食。
- 植物性饮食革命让你学会有节制地饮食，体会真正的饱腹感。
- 植物性饮食革命是一本烹饪书，教你用简单的方法制作可口、充满活力的菜肴。

你想减肥、重获健康、快乐自信吗？你想由内而外焕发新生、神采奕奕吗？你希望别人对你说"怎么回事呀，你大变样了"吗？你可以做到。食物是关键。植物性饮食能帮你减肥、变得自信、健康、焕发新生。简而言之，它有效。

世界各地的人们正在迎接这一挑战：尝试 22 天植物性饮食，看看你会有什么改变。你准备好加入我们了吗？如果你正在读这本书，我猜你已经准备好了。

制订你的目标，制订你的成功路线图。你的个人目标是什么？你是想减肥？你是想变得更健康，让自己能参加十五年后孩子的毕业典礼？你是想逆转心脏病，更有活力，带动家人追求健康？认清楚你的目标，写在纸上，让它在植物性饮食革命过程中激励你、提醒你不断进步。

只要 22 天，你将改变对自我的体验，对世界的体验，对每一天的体验。

简单的改变，惊人的成果

我常常收到客户的邮件，说我改变了他们的人生，说他们很开心让朋友和家人也加入了植物性饮食革命。这时我总会心怀感激，能帮助他人做最好的自己是何等的幸事，我更加坚定了信念。我不会忘记好朋友雷蒙德打来电话的那一天，他说他准备好改变自己的生命了，他准备好了开始植物性饮食革命。

雷蒙德是我多年的好友，这些年来我目睹他的习惯在伤害他的身体。他有两个漂亮的孩子、迷人的妻子、回报丰厚的事业。但他的饮食习惯很不好，体重上下浮动，身体健康情况每况愈下。我们聊天的时候，他会承认他没有好好善待自己的身体，但他似乎无法停下来，无法真正改变，尤其是长期的改变。他可能节食一段时间，体重下降一点，但又沾沾自喜吃得更多，最终体重反弹，比以前还胖。对于他所谓的"不负责任的破坏性习惯"，他深感挫败和无能为力。

我鼓励他对自己的饮食习惯更加觉知，他尝试一段时间，但总会回归到不健康的模式。雷蒙德做任何事都追求极限，他的眼界开阔、工作拼命、享受生活极致，然而他认为的"享受生活"往往是冗长、高热量的大餐，或者在餐厅，或者在家庭聚会上，且往往伴随着"美酒"。在他看来，节食是一种剥夺，意味着他不能享受了。他不理解的是，他在用他其他方面的成功来作为他糟糕饮食习惯的借口，而这些习惯在慢慢杀死他。作为一个旁观者，我全然不明白他为何不掌控自己的健康，看着他自我伤害，我十分痛心。

我总是对他说："雷蒙德，这关系到你的生命健康啊，为什么不在健康这方面也追求成功呢？"

雷蒙德总是回答："我知道的，我吃得比以前健康了，以前更糟，我正在努力呢。"可是只要他的体重减了一点，他就松懈起来，然后体重又涨上去了。

就这样一天天过去，他的身体状况毫无改观，因为他没有改变习惯，没有一幅成功路线图。要想成功，你就需要一个计划！如果你真的想改变，你需要认真看看镜子里的自己，说："我能成为更好的自己，我的计划是……"

当雷蒙德看着镜中的自己时，他其实并没有看到自己。他看到一个大块头的家伙，感到很自责，于是决定立刻改变。但当衣服遮住了自己松松垮垮的样子时，他又不自责了，又回归到默认的习惯里。渐渐地，他开始认同镜中的那个形象，深信自己只需接纳这个外表，他告诉自己他就是个"大块头"。但他不是，他是一个身材匀称的男人，超重了五十磅。我见过太多人通过改变饮食习惯和锻炼计划改变了人生。在肥肉之下，我能看到真正的雷蒙德，一个身材匀称、健壮的雷蒙德。

但雷蒙德看不到这个自己。他还记得高中、大学时的自己体形多么健美，但他不相信他能变回去。他只知道减肥意味着必须舍弃他最爱的大餐、红酒和工作狂的生活方式。他的身体继续膨胀，一米七四的身高，体重攀升为220多磅，血压升至151/105（二级高血压），健康面临极大风险。他每天夜里会心跳加速、胸口疼痛、肠胃不舒服且心脏持续灼热，失眠更是雪上加霜。

终于，他陷入了最低谷。又一个无眠痛苦的夜晚后，清晨他坐在电脑前，开始搜索高血压及其他症状的潜在危害。他越读越意识到问题的严重性，这让他愤怒、沮丧,痛恨自己竟然如此摧残自己。一想到他的孩子们可能会像他自己一样幼年丧父,他就心痛难忍。

那天早上,雷蒙德从电脑屏幕上看见自己的倒影,一副沮丧、无助的样子。他想着:"大概这就是我的命吧,都是我的错。"这时雷蒙德的儿子走进房间,看见了苍白、虚弱且焦虑不安的父亲。

儿子的眼神透出担心,声音中带着警惕,问了他一个很简单但又很深刻的问题,一下子击中了他最深的恐惧和不安:"爸爸,你还好吗?"

雷蒙德感到似乎空气被抽走了,他知道答案是否定的,他不好。但他对儿子说:"是的,我很好。"他不想让儿子担心。但他第一次对自己说了不,对所有伤害他身体的东西说了不,对能让他做一个健康的父亲的东西说了是。让孩子们目睹他自毁健康,他感到痛心疾首,父亲身上不健康的习惯终有一日会成为孩子们的习惯。

是时候改变了。

雷蒙德知道,他需要的不是又一次速成的节食瘦身,治标不治本。他需要面对自己根深蒂固的问题,需要实现可持续的长久的改变。于是他给我打了电话。

我告诉他:"如果你坚持植物性饮食,我保证你的健康问题统统不见。你的身心状态会前所未有地好,你会成为真正的自己。为了你自己,为了你的家人,试试植物性饮食吧。"

然后我补充了六个关键字:"只需 22 天。"

雷蒙德尝试了。因为他需要减掉很多体重,我建议他尝试更严格的快速计划(见第十五章)。他戒了酒,开始遵循植物性饮食,每天喝一百盎司[①]水,

---

[①] 1 美制液体盎司约为 30 毫升。

每天锻炼身体。

雷蒙德承认这一切并不轻松,并不是像有个开关,只要关上,心魔就不见了。任何生活方式的改变,最开始的阶段都是最难的。让他坚持下来的是只需撑过 22 天的念头。起初,他害怕参加聚会、派对,因为自己不能吃大餐、喝美酒。两周后,他的想法彻底改变了,他不再把新的饮食习惯看作一种剥夺,像气球一样内部压力太大就会炸开,反而将它看作一种解放,让他不需要再自我挣扎,身心变得非常和谐、平静。

雷蒙德终于撑过了 22 天,他的血压降到 120/86,减掉了 22 磅!他又继续奋战了 22 天,总共 44 天过后,他的血压降到 118/77,减掉了 40 多磅!到今天,他已经减掉了超过 65 磅!他仍然每周外出就餐好几次,在同样的餐厅,但毫不犹豫地点不同的食物。他最重要的成就是他意识到健康饮食没有终点,每一天他都可以收获健康的馈赠。

雷蒙德由内到外重生了,他现在意识到减肥不是一场冲刺,不在于你能忍受多久,减肥意味着每前进一步你都获得力量、信心。健康饮食没有终点,对于雷蒙德,植物性饮食革命只是开始,他变得更了解自己,对自己拥有的一切更心怀感恩。陪伴家人时,他更加专注当下;工作、创作时,他更加专注,思维更清晰。

雷蒙德告诉我:"植物性饮食不是让你戒掉享受,而是让你享受最完满的生命;不是让你压抑真实的欲望,而是让你发掘深植内心的梦想。"

植物性饮食革命计划

植物性饮食革命是一项严格的计划,目的在于用植物性饮食和锻炼方案彻底推翻你的坏习惯,彻底革新你受损的身体。植物性饮食革命将给你的身体补充全部必需的维生素和营养素，这些是肉类和加工食品给不了你的。植物性饮食革命将通过食量限制和锻炼方案，有效减轻你的体重。

植物性饮食革命的五大指导方针

植物性饮食革命会提供每一天的早餐、午餐和晚餐食谱，简单易做，赏心悦目，你和你的家人都会爱上这些植物美味。下面是植物性饮食革命的五大指导方针，遵照执行，你将重塑你的身体，养成全新、可持续的健康习惯！

1. 选择植物性饮食，抛弃加工食品。

你的食物越是保持着天然的样子越好，食用天然形态的水果和蔬菜能使身体专注于排出毒素，甩掉多余体重，而无须费力消化包装袋里的加工食品。

为了消化这些加工食品，我们的身体不得不加班加点工作。加工食品毁坏我们的健康状况，损害我们的味觉，削弱我们品尝食物天然风味的能力，各种各样的化学物质和人工添加剂导致我们胃痛。随着食品生产技术的进步、人工添加剂和色素的大量使用、食品的大规模生产，我们的食物供给已经完全工业化。

薯片是全素食品，但绝不健康。回想一下你的曾祖父母吃些什么吧，农田里长出来的原生态的食物。如果你的祖先认不出你餐盘里的食品，就别吃它！

2. 用觉知的态度吃一日三餐。

吃饭吃到饱是让人增重的罪魁祸首。用觉知的态度吃饭，倾听你身体内部的信号，减少外在干扰，平静地坐在饭桌前，全神贯注于你身体内部的感觉。植物性饮食革命意在可持续，意在真正使你获益。我想要你成功！我设计的植物性饮食革命计划包含一日三餐：早餐、午餐和晚餐。因为你的家人和同事都这么吃，一天吃三顿就对了！

至少在睡前两小时吃晚餐。我们摄取热量是为了摄取一天所需的能量，睡觉前给你的身体足够的时间消化这些食物。杜绝夜晚的零食！饮食健康不增重的关键在于有节制地吃。

最健康的方式是吃到八分饱，或者刚好有一点没饱。在植物性饮食革命中，请遵照规定的食量用餐。如果你过去都吃得过饱，或者超重了50多磅，你一定会感觉植物性饮食革命的食量很小。一开始你会感觉不适应，因为你已经习惯了那种过饱的感觉，但是随着你的身体和头脑逐渐适应，你将感到饭后更有精力了。虽然植物性饮食革命允许你偶尔吃些健康的零食，但请记住，这是一项高强度、高挑战的方案，目的在于重塑你的身体和心灵。挑战虽不可避免，但当你的身体逐渐适应了正确的食量，你将爱上八分饱的感觉。

你将意识到，吃饭吃到撑是一种不舒服的吃饭方式，因为你会感觉很膨胀很沉重，没有了轻松、能量充沛的感觉。

3. 目标为80∶10∶10（80%碳水化合物，10%脂肪，10%蛋白质）。

在流行低碳饮食的当下，80%的碳水化合物令人侧目。但你吃的碳水化合物是地里长出来的新鲜植物，所以吃多少都没关系。新鲜水果、蔬菜和豆类富含高营养的复合碳水化合物，你无须担忧热量的问题。健康饮食应包含80%碳水化合物、10%脂肪和10%蛋白质，这很容易做到，因为水果和蔬菜本来就富含复合碳水化合物而且低脂。

如果你想快速减肥，记住：虽然所有的蔬菜和谷物都是很棒的复合碳水化合物来源，但是有些更适合在白天吃，有些更适合在晚上吃。藜麦、豆类比胡萝卜、西兰花碳水化合物含量更高，如果你想快速减肥，我建议你把藜麦这类食物放在白天吃，早餐和午餐可以吃谷物和豆类，这样身体可以在白天消耗掉这些热量。晚餐不要吃这些碳水化合物含量高的植物，给你的身体在夜间燃烧脂肪的机会。

不是只有吃肉才能摄取全部的维生素、矿物质和蛋白质！很多人以为全素饮食不能为人体提供足够的蛋白质，这完全是一种误解！你可以思考一下，动物体内的营养素是从哪儿来的呢？从植物！植物是动物体内一切矿物质的来源。

4. 每天锻炼三十分钟。

锻炼对于创造身体的平衡非常关键，锻炼是植物性饮食革命的重要环节，对想减轻体重的人尤为重要。植物性饮食和锻炼二者缺一不可，植物性饮食将重塑你的身体，锻炼将确保重塑持续下去。所以，想减轻体重的话，就尽可能地锻炼吧！

记住，别因为你吃了植物，就认为无须锻炼了，也别因为你锻炼了，就认为可以放纵饮食了。成功的减肥是 75% 的饮食加 25% 的锻炼。锻炼是为了健康，而不是贪吃的借口，任何锻炼都无法消除放纵饮食带来的损害。锻炼产生的天然内啡肽会让你更快乐，更能接纳植物性饮食，抵挡诱惑。

为了获得植物性饮食的最大益处，使你精力充沛、体重减轻、活力四射，一定要做到每天锻炼三十分钟！

5. 喝水，别喝饮料！

喝水最好，不加糖的茶也很棒，加柠檬的水也不错。放下软饮料、加糖的茶和柠檬汽水。别忘了，饮料和酒含有大量热量，将破坏你的植物性饮食革命成果。

每天喝 8 杯水的法则有点简单化。美国药物研究所建议男性每天喝 104 盎司水，女性喝 72 盎司水。清早喝一杯柠檬水，补充水分，有助消化，帮助身体呈碱性。

下面是如何喝水的小贴士：

- 每顿饭喝一杯水。
- 两顿饭之间喝一杯水。
- 锻炼前、锻炼中和锻炼后各喝一杯水。
- 天热时多喝水。
- 别等到口渴再喝水，口渴表明你已经脱水了。

如果你在锻炼，大汗淋漓，你需要补充更多水分。体重越重，身体需要的水分越多。判断自己每日是否摄取了充足水分的最好办法是观察你的身体。首先，你应当有规律地排尿，而且尿液应是无色或浅黄色，深黄色尿液是缺水的标志。观察自己的尿液有点难为情，但这是最好的判断方法。其次，黑眼圈、眼袋、脱皮、痤疮、干燥的红鼻子、头痛及嘴干也是缺水的标志。

身体不缺水，你的精力会更充沛，皮肤和头发会更有光泽，还能减少皱纹（通过使你的皮肤细胞变得丰满），头发和指甲更坚韧，缓解宿醉和晒伤。饭前喝一两杯水能防止吃得过饱，两顿饭之间喝一杯水能饱腹不怕饿。

植物性饮食革命成果

通过遵守以上五大指导方针，你将完全改变你与食物的关系；你将更有远见，更关注长期价值而非当下满足；你将懂得什么是真正的饱足感，不会在吃饱后继续进食；你会发现自己有意识地吃植物而不再需要计算热量；你会发现自己体重减轻了，而且没有反弹。你找到了一种简单、丰富且可持续的饮食方式。

植物性饮食真的很简单！吃得好还减肥并不难。一旦你适应了吃从土地里长出来的食物，节食根本没必要考虑。植物性饮食革命的困难点在于，从无意识地大吃加工食品的习惯转变为有意识地吃植物的习惯。一旦植物性饮食成为你的习惯，接下来的旅程就容易了！天然的是最棒的，植物是最适合人类食用的。食用植物性饮食革命菜单中的食物时，你不需要计算热量或营养素，因为菜单本身蕴含了平衡，你的身体将学会适应吃正确食物的感觉。植物性饮食革命之后，你会准备好进入下一个阶段。你仍然无须计算热量或营养素，因为一旦改变了饮食习惯，种类丰富的植物将自然而然赋予你80∶10∶10的均衡营养，留意自己身体的讯号将自然而然阻止你饮食过量，可持续性的减重将是不可避免的！

植物性饮食到底是什么

植物性饮食革命计划完全适合全素食者，因为它就是全素食嘛！但我们不叫它全素食饮食，而是植物性饮食，因为我们吃的就是植物。植物性饮食是全素食的，但全素食饮食不一定是植物的。一个全素食者可能只吃薯条、椒盐饼干和无麸面包做的全素热狗。但这些加工食品跟肉类饮食一样不健康，会让你生病，这可不属于植物性饮食！

素食者：吃牛奶、鸡蛋、谷物、蔬菜，不吃肉、家禽和鱼。

全素食者：不吃牛奶、家禽、鱼、牛奶、鸡蛋和蜂蜜，吃谷物、蔬菜、水果或过度加工的全素食品。

植物性饮食：百分之百吃植物，如谷物、蔬菜和水果，不吃肉、家禽、鱼、牛奶、鸡蛋或加工的全素食品。

记住，不是不含肉的食物都属于植物性饮食！如果你吃的是全素热狗，面包是用加工面粉做的，你是全素食者，但你绝不属于植物性饮食革命计划。植物性饮食就是吃植物，不是吃工厂生产的食品，而是吃百分之百地上长的美食。

植物性饮食是让你今天、今后每一天感觉棒极了的饮食。

我为什么吃植物

我自认为很幸运,因为我很小的时候就意识到了食物与健康的关系。当然,作为一个小孩,父母吃什么我就吃什么。在我的古巴大家庭中,食物是家庭聚会的重头戏,是母亲表达爱意的方式。我习惯吃的食物自然而然就是我的家里、街坊提供的食物。我们最早的饮食习惯总是无意识形成的,但随着成长经历越发丰富并且越发有觉知,我们会逐渐领悟到这些习得的习惯并不真正适合我们。

一天早晨在上学路上,我吃着油酥饼——这没什么大不了的,只是油酥饼罢了,它并不被我的社区或家庭所禁止。但奇怪的是,我的身体对它起反应了,胳膊上起了好多皮疹。我没打算理它,但皮疹越发严重了,胳膊又痒又肿,搞得我没办法上课,只得去看护士。妈妈提早来接我回家,搞得她也上不成班。我心里很内疚,妈妈一个人抚养我,我知道她的工作对全家人至关重要。

我很怕妈妈担心,所以苦思冥想究竟是什么导致了皮疹。护士问我是不是接触了过敏物,我那天就吃了油酥饼,这让我生平第一次意识到:**不好的食物会引发问题**。于是为了避免问题再度发生,不让妈妈担心,我做了个决定:再也不吃油酥饼了。遗憾的是,那时我还没领悟到第二层道理:**好的食物会让人健康**。戒掉了油酥饼,我早餐什么都不吃,肚子空空去上学,无精打采、体力不足,一周后我终于昏倒在体育课上。这时我才领悟到第二层道理!油酥饼不好,但不吃早餐同样不行。

我的旅程从那一刻开始了。我开始倾听自己的身体,学习一切与营养、健身有关的知识。多年来的积累告诉我,均衡的营养是身心灵健康的基石。植物性饮食已伴随我近十年,但改变不是一夜之间发生的。我最先戒掉了乳制品，这让我感觉很棒，然后我戒掉了鸡肉和鸡蛋。我对植物性饮食越来越认同，体验到非比寻常的健康，最后我戒掉了鱼。

我做健身教练将近二十年，身体状态很棒，这期间我一直吃素食和鱼。我允许自己吃鱼，因为我想旅行时、外出就餐时很难做到只吃植物，但这恐怕是个借口，我没有用心寻找最健康的就餐选择，而是点份鱼了事。实际上，我们在外就餐（这是我唯一吃鱼的时候）所吃的大多数鱼是养殖的。研究表明，养殖的鱼欧美加-3（omega-3）、蛋白质含量较少，脂肪和欧美加-6（omega-6）含量较多，易引起身体发炎，养殖的三文鱼比野生三文鱼含有更多致癌物多氯联苯。我知道我还可以做得更好。

我一直很喜欢研究健康、营养等话题，对植物的营养价值了解越多，我越是确信植物是身体的最佳燃料。我喜欢挑战自己，于是我决定改变自己的饮食。

周围的人都很疑惑，我又不需要减肥，为什么要搞什么植物性饮食？的确，采纳植物性饮食之前，我身体状况很棒，没有高血压、高胆固醇等健康问题，但我的家族中有心脏病史，所以我想预防未来的健康问题。即使我已经很健康了，植物性饮食带来的转变还是让我大开眼界。

植物性饮食的第一年，虽然我的体重没变，但以前偶尔困扰我的出差生病现象没有了，锻炼后的恢复时间也变得越来越短，现在几乎无须恢复时间。我的健身效果大大提升，锻炼后的身体疼痛、关节痛减弱直至消失。植物性饮食一年后，我去医院定期体检验血，我的发炎标记几乎检测不到（发炎是许多与年龄相关疾病的潜在成因），胆固醇水平比以前更低了。

医生问："你采取了什么不同的做法吗？"我很高兴地说我开始植物性饮食了，没想到效果这么显著，出乎我的想象。

起初，我觉得在旅行、出差时比较难坚持植物性饮食，但也不是不可能做到，只要你想做到就一定能想方设法做到。例如，去外地参加会议时，我知道那里提供的食物可能不会满足我的需求，我就提前做调研，寻找到一家靠近全食店、大型超市的旅店。抵达后，我会先去采购一些水和健康的植物零食，之后如果需要的话我会再来购买作为三餐的食物。我知道全食店总有适合我吃的植物餐品。将健康放在首位，你就一定会成功！

在坚持植物性饮食十年后的今天，我的身心状态棒极了，精力旺盛，身强体壮。

你也能做到。

2

积极的习惯创造积极的生活

今天早上醒来你感觉如何？感觉很棒？充满了能量、喜悦和对强健身躯的感激？坐起来，舒展身体，心想今天又是美好的一天？

如果你醒来感觉无精打采、筋疲力尽，还想再睡一会儿，而且就算再睡一会儿，也还是好累。那你出问题了。

你的习惯——你吃什么，喝什么，是否锻炼，睡多少觉——决定着你晚上入睡时的感觉和你早上醒来时的感觉。如果你常常感觉很糟而非很棒，感觉不舒服而非飘飘欲仙，全身沉重而非身轻如燕，而你还觉得这些感觉很"正常"的话，那我要向你介绍一种新的"正常"。你醒来会感觉如获新生，吃完饭感觉精力充沛而非体重加重。你期待称体重，因为你早就知道，你的习惯让你轻松达成减重目标。

为什么要一直做那些只会让你感觉很糟的决定呢？为什么要吃让你肥胖、生病的食物呢？没人想感觉糟糕！你想感觉到健康、活力、强大吗？当然！我们都想！

每个人都能这样感觉，每个人都应该这样感觉。

为什么有些人比别人更成功

小时候，我总是很好奇究竟什么样的行为导致了成功——运动、健康、外表及身心的成功。为什么有些人肌肉强健、精力充沛，而另一些人总是疲劳、悲伤且肥胖？为什么有些运动员得了冠军而另一些运动员失败了、放弃了？为什么有些人彻底改变了他们的人生，而另一些人屡屡在同一个问题上栽跟头？

我开始注意到成功者有一个共性——积极习惯。积极的选择导致积极的结果，成功者都清楚觉知他们的习惯，而不成功的人似乎意识不到他们的习惯在掌控着他们。

成功者似乎懂得行为会导致结果，通过选择特定的行为，他们就能收获想要的结果。他们能有意识地选择一个目标，确定哪些步骤能让他们达到目标，然后就执行这些步骤。不成功的人似乎认为成功是平白无故降临的，或认为有些人天生就有成功的天赋，有些人则没有。

我意识到，成功和你是谁、你在哪儿出生无关。成功者是有意识的、有觉知的，他们懂得每一天所做的决定真的有长远影响力，或者让你成为冠军，或者让你失意出局。

伴随着年龄增长，我的好奇心和兴趣也日渐增长，我攻读了运动生理学专业，之后成为私人健身教练、生活方式教练，我立志于追求一种主动积极的健康方式。一路上的心得体验让我看得更清晰，**我们的习惯奠定了我们的成功或失败**。如果你想拥有最好的一切，包括成为最好版本的自己，你就必须具备成功所需的硬件——健康的习惯！

真相是，不管你是谁，富有还是贫穷，有五个孩子还是没孩子，是男人还是女人，年轻还是年老，你都有习惯——每天都会做的小事情，这些无意或有意的习惯造就了现在的你。

培养好习惯，别找借口

每个人都会找借口，解释他们为什么做不到。"我们一家人都体重超标。""我就是爱吃垃圾食品。""我爱吃甜食。""我是个吃货。""我宁肯看足球，也不愿踢足球。""我讨厌蔬菜。"

归根结底，这些借口都是一回事，都与个人习惯有关。肥胖父母的习惯成为肥胖孩子的习惯。吃垃圾食品是一种习惯。看电视是一种习惯。懒惰是一种习惯。这些习惯有可怕的后果，但也有解决办法，能被逆转。

我经常听到这样的说法，很多疾病都是遗传的，但数据表明恰恰相反。比如心脏病、癌症、中风和糖尿病的病因多与生活方式有关。与生活方式相关的因素到底是什么？我们从哪儿学到的生活方式？当然是从最亲近的家人。

吃加工食品也好，吃植物也好，一开始是一种选择，但最终都成了一种习惯。过去十年来，我培养了食用地里长出来的美味、丰富、新鲜的食物的习惯。植物不仅美化星球，还提供人体最棒的营养。我吃那些能够最大化我的能量与健康的水果和蔬菜。植物性饮食降低了我患糖尿病、心脏病和肥胖症的风险，而加工食品让现代人深陷此类疾病的泥淖。对喜食加工食品的很多人来说，吃这些食品已不再是一种选择，而是一种习惯，摧毁他们的生命、健康和成功的习惯。

你体重超标吗？不健康的习惯是罪魁祸首。你想改变你的生活方式吗？你想改变你的人生吗？就从改变习惯开始吧！

习惯的力量

大学期间，我学习了心理学和习惯养成理论。习惯是人行为背后的机制，就像计算机程序。你的大脑依据你经常重复的动作创建了很多神经回路，使你的行为更高效。习惯使你的行为自动化，在无意识中完成很多选择，节省很多精力。刷牙时你会关注胳膊一上一下的动作吗？这个动作你已经做了无数遍，你根本不需要有意识参与，从刷牙、漱口到放下牙刷，你可以一边动作一边思考今天要做什么工作或穿什么衣服。你是否曾开车沿某条熟悉路线回家，到达时都不知道怎么开回来的？你的习惯掌了舵，于是你的头脑可以想其他事情，但你仍然在主动做出一系列决定，虽然你并没意识到！即便你的车设为了自动巡航控制，如果危险临近，你仍然能踩刹车，放慢车速，你仍然能转动方向盘。

让我们来看看你早晨的例行常规。闹钟一响，你关掉闹铃，下床，冲澡，更衣，出门，这一系列动作是不是已经自动化了？我们最常做的是那些我们感到做起来最舒服的，它已经几乎不需要你主动做出决策了。习惯是过去数日、数周、数月做选择的结果，今天某个有意识的选择不会造就习惯，它是过去习得的。

你的一生，你的总和，可以被简化为你的各种习惯。换个角度说，如果你把所有习惯相加，就得到了你现在的样子。如果你是你的习惯的总和，难道不应该有意识地选择最健康最有益处的习惯吗？该醒来了，从无意识、被动的角色中醒来，做出有意识的改变吧！

你越是有意识地做出一个选择，你就越可能持续做出那个选择，到后来你甚至忘了你曾经做出了这个选择。

每天你都做出成百上千、成千上万个影响你健康的选择。从刷牙、用牙线剔牙，到锻炼身体，到你吃的每一口食物，你的选择影响着你的整体健康。日复一日，你甚至意识不到你做出了这些选择，它们已经成了自动的，成了习惯。

对于习惯的认知是植物性饮食革命的核心。

如果你想成功——植物性饮食革命也志在成功——那么你必须识别出你的习惯并有意识地改变它们，你还得慢慢地、小心翼翼地确保这些改变持续下去。

习惯真的能被改变吗

习惯当然能被改变。大脑前额部位被称为前额叶皮层，负责大部分的思维和计划。很久以来，我们认为习惯是自动化的，这大体上是正确的，然而一项麻省理工学院的研究表明，前额叶皮层的某个区域对人的行为仍保有实时控制。即使我们不知道这一事实，即使我们从未使用过这一功能，即使我们从未听说过前额叶皮层，这一控制仍然存在。

我们都见过一种人，他说到做到。你们在派对偶遇，他说他要买个新房子，几周后你听说他要举行乔迁聚会了。如果他告诉你他要减30磅，几个月后重逢时，他就要去爬乞力马扎罗山，庆祝他的新体形了。如果他提到他想学编织，几周后你会收到一套手织围巾和帽子。

他怎么做到的？他能做到，因为他看清了每一天的小行动和长期成就之间的关系。他知道（但不知道自己知道）前额叶皮层的某个区域让他掌有控制权。

你想成为这种说到做到的人吗？当然，我们都想创造自己想过的人生，实现目标和梦想。成功的一个关键元素是觉知。成功者知道他们的习惯是什么，知道这些习惯如何影响他们的人生。而不成功的人似乎不知道他们的习惯在控制着他们。与其谈论自己想做什么，不如去做！一次迈出一小步，一天天过去，你将养成助你圆梦的积极习惯。积极的选择产生积极的结果！

健康的习惯

如果你体重超标，如果你有心血管疾病或糖尿病，我们有必要仔细查看一下你一直以来的习惯。

习惯决定一切，滴水能穿石。多吃的那口甜食、那个玉米糖果、那包巧克力豆，单个看起来无伤大雅，但日积月累都是健康炸弹，足以毁掉你的健康。你总是点巧克力蛋糕吃吗？你每天下午都犒劳自己一把糖果吗？正是这些习惯导致了你现在的健康状况。

当你仔细检视的时候你会发现，人生是习惯的聚合体，我们每日重复着几乎相同的习惯。改变习惯，你就能改变结果。

如果你担心自己的体重而你每天的早餐是一个甜甜圈，那么改变这个习惯，吃一碗藜麦粥。一个简单的改变将带给你整个上午的充沛能量、各种维生素和矿物质（包括大家经常谈论的欧美加），使你的身体高效运转。小改变，大收获。

你的习惯在服务于你，还是加害于你？帮助你健康，还是阻碍你健康？

只需22天，你将改变不健康的习惯，迎接你的新生，迎接最佳状态的你。你将变得更健康、更有活力、更高效。只需22天，你将体验美妙、强大，而不仅仅是"还好"。你将开始过上你梦寐以求的人生，而不仅仅是你现在拥有的人生，就在现在，就在今天。

你将学会如何吃更多水果、蔬菜和全麦食物；你将学会如何觉知地食用正确的食量使你感觉最佳；你将体验维生素、矿物质的益处，体验前所未有的能量和活力；你将重新定义你与食物的关系，节制教会你什么是真的满足；你将找到改变生命的力量，努力带给你自信，你相信你能达到期待已久的目标。

我没有说这个过程会一帆风顺。革命意味着战斗！你将与根深蒂固的放纵、过量饮食战斗！有多少次你离开餐桌胃不舒服，因为你吃完第一份还要吃第二、第三、第四份？你的放纵实际上已成为一种将会长久危害你的恶习。

在你重新训练身体适应正确的食物以及正确的食量的过程中，你会觉得辛苦，觉得饿，因为你从不知道真正的饱是什么感觉，反而以为恶心感才是饱。但恶心感不是饱，是过度放纵，而不是沉浸、品味。

你知道真正的沉浸能带给你什么吗？力量！当你用一顿香飘四溢的植物美食犒劳自己时，当你只吃正确的食量时，当你不再认为吃到不舒服、需要躺下歇着或者解开腰带才是正常时，你发觉你其实并不饿，你真正的感觉是心满意足。

但这一过程需要时间，别灰心丧气。如果你适应了过饱的感觉，一旦只吃正确的食量，你可能觉得饿，还想吃。但你千万别继续吃，试着坚持二十分钟，散散步，喝杯水，喝杯茶。慢慢地你会懂得什么是真正的沉浸，你可以毫无负疚感、羞耻感地享用美食，你可以吃得好也减重，你不觉得这样很幸福吗？

食物既可以成为阻碍你实现目标的拦路虎，又可以成为帮助你实现目标的直通车。决定权在你手中！别管你过去有什么习惯，别管你过去如何定义自己，我现在要告诉你，健康、减肥是可能的，是可以做到的！他人不能定义你，过去的选择不能定义你！

现在，用更新、更强大、更健康的习惯和行为来定义你自己吧！

3

植物统治

一天早上，儿子看见我在喝一杯蔬菜汁，就说："爸爸，你喝的是什么呀？我也想喝。"

我说："我觉得你不会爱喝的。"

他问："为什么？"

"因为不怎么好喝，味道很重的，是大人才喝的东西，长肌肉用的。"

他说："我也想长肌肉。"

"是吗，可你喝不了的，因为很难喝。"

"我能喝。"

"不好吧，这是大人喝的。"

"我要喝嘛。"

我只好说："好吧，喝吧。"

他喝了一口，边做鬼脸边说："啊啊，恶心。"又说："让我再喝一点，啊啊，恶心，让我再喝一点。"他喝完了一整杯，这是他的第一杯蔬菜汁，里面各种各样的植物都有，味道很苦，但他不介意，因为喝了蔬菜汁他就也能长出大块肌肉了。现在他每天都喝蔬菜汁。

于是我学会了用这种方法诱惑那些对健康饮食感到好奇的小孩子。我到儿子的学校，带上超级好喝的蔬果汁，里面有很多水果，我先让小孩子尝这种好喝的蔬果汁。

然后我问："谁敢尝一尝可怕的蔬菜汁？"

他们都喊："我，我，我！"

关注健康无关乎年龄大小，只需要我们对新事物有一颗勇敢接纳的心。每个人都能尝试吃植物，爱上吃植物！无论你小时候从父母、朋友那里学到了什么习惯，无论你以前自以为爱吃什么，你都可以学习爱上植物性饮食。

一旦迈出了第一步，你立刻就能看到巨大收效。对我来说，这是我撰写这本书、乃至做任何一件事情的基础。我十分欣慰我的孩子们、客户和朋友能够衷心接纳我的讯息，接纳植物性饮食，因为它对你生活的方方面面都有影响。植物性饮食真的太重要了，吃得好、心情好、身材好能带给你一种力量，从情感、心灵层面深刻影响你，让你更能用心善待周围人。当你吃到了好的食物，你的身体、心情感觉更好，你变得更愿意给予和接纳善意。好的感觉是有传染力的！你感觉好了，周围人感觉也就好了。当你与世界分享你内心的喜悦时，你接触的每一个人都会变得更开心一点。

觉知的饮食开始于对完满、健康自我的追求，又让你情不自禁地将完满、健康带给他人、带给世界。

植物性饮食对全家人都好

我一直教育我的孩子们说，如果你们想过上快乐健康的生活，如果你们想精力充沛，就一定要吃营养丰富、令人满足的植物，还要多多锻炼。你猜怎么样？他们很听话，都爱吃植物，他们知道植物能帮助他们长得又健康又强壮。

最近，我儿子班上搞了个活动，让每人回答一个问题：你长大了想做什么？有的孩子说"医生"，有的说"警察""老师""宇航员"。我儿子的板子上写着"营养师"。

在那一刻我是最自豪的父亲，看见儿子发自内心地认同健康理念，我太开心了，因为我知道营养好会带给人长寿、健康、成功的一生。研究表明，从小素食的孩子比从小吃肉的孩子BMI①低，步入青春期后，二者的BMI相距更大，植物性饮食对儿童和成人都好处多多。

刚生下来时，婴儿吃饱了就会停止进食。但是在成长过程中，婴儿会学习周围人的饮食习惯。教他们健康的习惯，他们就会渴望健康食物。给他们吃太多甜食，他们就会爱上吃甜食。老话说得好，"言传不如身教"，正是这些身教让我们染上了导致疾病的坏习惯。坏的饮食习惯，坏的不锻炼习惯，都是我们小时候养成的，长大了也深受其害。

我的切身体会是，如果父母教小孩子吃健康食物，教他们植物对身体的重要性，小孩子就会爱上吃植物，因为他们觉得自己在好好照顾自己的身体。但是父母必须要教！太多父母为孩子爱吃糖果、加工食品找借口，也为自己的坏习惯找借口，他们放纵自己的欲望，毫无节制地吃喝，食物成了负疚感而非喜悦的来源。**孩子的改变应当从父母开始！**父母是孩子的第一任老师，父母应教会孩子如何做出正确、健康的选择。每当我看到肥胖的父母吃着大份的不健康食品时，他们旁边总坐着肥胖的子女，跟父母有着相同的饮食习惯。

---

① Body Mass Index，即身体质量指数，是目前国际上常用的衡量人体胖瘦程度以及是否健康的一个标准。

每当我看到远足、锻炼、重视健康的父母时，他们的孩子也承袭了相同的习惯。

习惯像遗传病，也可以遗传。如果你从小就养成了坏习惯，后来也没吸纳一些好习惯，那你就等着吧，肥胖、皮肤变差、健康恶化、心情糟糕都会找上门。如果你想拥有每个年龄段的最佳健康状态，就选择植物性饮食！

一定要教会小孩子什么是最棒的饮食，这个太重要了！约 1/3 的美国儿童和青少年体重超标或肥胖，儿童肥胖已成为困扰美国家长的第一大问题，比吸毒和吸烟还令家长头疼！在不远的将来，我们将目睹首批比父母寿命短的一代人。让我们停止这一趋势，逆转加工食品的放纵食用带来的危害吧！正如你从我儿子身上看到的，小孩子总是跟着大人的样子学，当你养成了植物性饮食的好习惯，你不仅会改变你的人生，还会改变你的孩子的人生。

植物性饮食对地球也很好

我选择植物性饮食纯粹出于自私的考量：我一直追求最佳的健康状态，我所学、所读的一切都指向植物性饮食这一答案。真相就是，植物性饮食真的很好，不仅对个人好，还对地球好。

虽然我从自身利益的角度出发选择了植物性饮食，但这一选择的"副作用"不可估量。现实是，即使科技如此日新月异，我们生存的时代仍是一个环境充满危机、有人忍饥挨饿的时代。

植物是最适合人类吃的食物，它们营养丰富，无论就个人而言还是人类整体而言，植物性饮食都比动物饮食更为适当、明智。一英亩[①]土地出产的植物蛋白是动物蛋白的 11 倍，一英亩土地能出产 2 万磅土豆，只能出产 165 磅

---

① 1 英亩约为 0.4 公顷。

牛肉。

由于植物营养丰富，我们可以用更少的土地为更多人种植更多食物。考虑到世界上仍有约8亿7千万人缺乏食物，这就更加意义重大。

植物性饮食对地球也很好。一个美国人一年吃掉的牛肉所制造的温室气体相当于开车行驶1800英里[①]。另外，据联合国粮农组织估算，肉制品行业制造了1/5的人造温室气体排放量，比交通业还严重。

幸运的是，人们的环境意识在提升！《素食时代》杂志开展的2014年美国素食者研究表明，已有700万美国人是素食者，其中100万人是全素食者，超过2300万人有素食倾向。

世界变得越来越小，我们更应该关注我们的食物消费对环境产生的影响。如果植物性饮食既有益于我们的身体健康，又能缓解全球饥饿和全球变暖，我们为什么不欢迎它呢？

就我个人而言，我很自豪我的植物性饮食选择不仅能保护我的健康，保护地球的健康，还能为我的孩子们树立一个学习的榜样。

食物比锻炼更重要

作为一名运动生理学家，我比平常人更懂得锻炼对于身体健康的重要性。然而，饮食比锻炼更重要，在我指导客户减肥的过程中，这个事实一遍遍被证实。**减肥成功75%靠饮食，25%靠锻炼**。再怎么锻炼也消除不了加工肉类对你身体造成的伤害，所以为了健康而锻炼，不要把锻炼当作放纵饮食的借口。如果你想更瘦更健康，你一定要养成植物性饮食的习惯。

---

① 1英里约为1.6千米。

植物性饮食能逆转某些重大疾病的症状，还能预防疾病，让你根本得不上那些病！我的事业目标是帮助人们通过改变习惯来预防疾病，这种主动健康的方式比起生病了再吃药好得多。我深知我在运动生涯中的成功和健美身材根植于我吃的食物，我急切地想告诉每个人这个令人鼓舞的消息，你完全可以通过改变饮食来掌控你的健康和幸福。我喜欢看着我的客户们在他们的日常生活中实施这些改变，看着他们的信心和快乐一天天增加，看着他们成为最棒的自己。

我曾经在迈阿密做过几年一对一的私人健身教练，我想把我的事业提升到一个新的高度。最棒的有氧运动形式是短时间、高强度的锻炼，动感单车完全符合这一特征，所以我决定开办迈阿密第一家动感单车健身房。

20世纪90年代初，动感单车还没有像现在这样流行。我记得总有人问我："在房间里骑自行车？没道理啊，谁想在房间里骑自行车呢？"但我觉得这项运动很棒，只需45分钟，就能达到高强度的锻炼效果，既有队员之间的友情，又有个体锻炼的独立性。我全身心投入这项运动中，投资办了一家健身房。开张的那天，我仔细看了看我的账户，为了这项事业我已经付出了全部资金，没有回头路可走，我必须把它做成。

一开始健身房只有我一人，我是教练，也是前台，一天教8个班。每天我打开大门，让客户进来，收费，跳上单车，进行教学，跳下单车，送走客户，再让下一批客户进来，收费，周而复始。

经大家口口相传，一个月后，我的每个班都报满了，还有很多人排队要学，生意好得不能再好了。

动感单车已登陆南佛罗里达，大家爱死它了！

我逐渐有了忠实粉丝，有的人特别热衷，有几位女士总是一起来上课，她们都很漂亮，但有些超重，可能超了30磅，她们一天来锻炼两次。

我心里想，哇，我的上帝，这可了不得了。我很开心每天在课上看到这些漂亮的女士，我教得也卖力，她们也很努力，我知道我们的合作将让大家都获益。她们将如愿以偿地减掉体重，我将从帮助她们改变中获得满足感，这正是我的事业目标。我太兴奋了！她们将获得完美的身材，她们将告诉朋友们她们是如何减掉体重的……我迫不及待想看到这些女士改变她们的人生。她们是如此全身心地投入锻炼，我知道她们一定能收获前所未有的锻炼效果。

一周过去了，两周过去了，一个月过去了，但我期待的改变并没有发生。

女士们仍然跟着我每天锻炼两次，但她们看起来毫无变化，我觉得这也太奇怪了，到底怎么回事？

我开动左脑的分析功能，马上意识到问题的症结是习惯。这些女士养成了锻炼的习惯，但从未养成健康饮食的习惯，她们对吃进嘴里的东西完全无意识，所以才减不了肥。

她们锻炼的习惯也和取得锻炼效果无关，重点是社交。她们每天九点聚在一起，上课，嬉笑，谈天，拼车去吃饭，然后再回来锻炼。但她们看重的不是锻炼，而是聚在一起大家开心。

她们的确出汗了，她们也知道自己出汗了。既然她们只在乎开心不在乎结果，既然那么多锻炼让她们觉得燃烧了好多热量，可以随意吃了，她们一磅未减也就不奇怪了。她们吃的比消耗的多，只要饮食习惯不改变，她们永远也别想减肥。我知道我能帮她们实现瘦身目标，可我也不想显得太冒昧。

但她们来上我的课，我就有责任帮她们取得最大收益，给予她们伸手可得的华丽转身。

我有了一个主意。一天下课后，我问她们愿不愿意帮我做一项研究。她们都说愿意，带着一贯的热情。我解释了我的研究意图。

"我想挑战人们对锻炼和饮食的认识，我想验证在植物性饮食下，锻炼是不是更加有效。"

正如我在挑战你时所做的,我邀请她们挑战健康、干净而有机的植物性饮食,食用水果、蔬菜和谷物,把她们习惯吃的加工食品、快餐、牛排和奶酪通通戒掉,改吃绿叶蔬菜、根茎类蔬菜、藜麦、糙米、豆类、苹果、梨、西瓜和其他新鲜的食物……就像迈克尔·波伦(Michael Pollan)说的:"如果它来自一棵植物,吃了它;如果它来自一个工厂,别吃它。"

我知道如果她们坚持这个方案,就会看到想要的结果。我告诉她们,一旦她们适应了新的饮食方式,就不会再渴望死气沉沉的加工食品了,她们会更有精力,睡眠质量更好,心情更佳,身体脂肪更少,体重更轻,身心更健康。

这对我来说也是一次不可思议的经历,因为我把过去用心所学的心理学、生理学、解剖学和营养学的知识都用上了。

接下来的几周里,女士们遵照我的菜单在家里做饭,原料是各种蔬菜、水果和谷物等。她们把做好的沙拉带来一起分享,戒掉了充斥着饱和脂肪和加工碳水化合物的油腻饭菜。她们的饮食从精面粉、红肉、鸡肉、鱼、奶酪和鸡蛋变成了新鲜水果、蔬菜和谷物,你猜发生了什么?

有效果了。

几周之内,这些先前锻炼了一个月体重也不减的女士们开始减重了,她们变成了最健康、最快乐、最成功的自己。饮食习惯的改变让她们取得了成功。六周之内她们一共减掉 100 磅!

她们都有了翻天覆地的改变。

她们中的每一个。

感谢植物性饮食。

真食物有真味道和真益处

"我从不知道我可以这样精力充沛。"

"我的胃再也不疼了。"

"我从没想到植物这么好吃。"

"我的朋友们现在都想尝试植物性饮食了。"

这些是尝试植物性饮食后人们的典型评价。长久以来，我们习惯了每日感觉疲惫、恶心、肿胀、无精打采。

当你习惯了吃加工食品，你就适应了人工制造的假味道，这时你再尝一口真正的食物味道，你的味蕾就无所适从了。就好像你吃了太多人造的柠檬味，当你吃到一颗真正柠檬的天然酸味时，你的味蕾反倒迷惑了。就好像你吃了太多人造的樱桃味，当你吃到一颗真正的樱桃时，你的味蕾已经被超强的人造化学味道搞得不敏感了，甚至欣赏不了天然食物那种新鲜、甘甜的风味了。

当你把加工食品去除后，魔法就发生了。几天后，你的味蕾回归正常了。突然，你知道了胡萝卜是什么味道，苹果是什么味道，芒果是什么味道。你明白了甜味应该是个什么味道。

如果你将植物性饮食革命坚持下来，你将收获神奇的结果。你的体重会下降，生活中的乐趣会增加。随着你的新习惯不断稳固，你将感觉越来越好，你将发现你真的爱上吃蔬菜水果了。

你感觉妙极了，你开始对新鲜美味的植物上瘾了。

也许现在你还不熟悉这种平衡的植物性饮食，放心吧，等到了第二十二天，植物将成为使你恢复青春活力的饮食配方。

植物蛋白质：植物性饮食富含多种蛋白质来源，从芸豆、扁豆到菠菜、红薯。

坚果和种子：富含健康的脂肪和蛋白质，可以当作零食，也可以做成沙拉和配菜。尝尝亚麻籽、杏仁、南瓜籽和葵花籽吧。

绿色蔬菜：绿色蔬菜是各种维生素、矿物质和纤维的来源，深色、多叶的绿色蔬菜是最佳选择，但偶尔加一些紫色的甘蓝也不错哦。

水果和其他蔬菜：用芒果、香蕉和梨满足你的甜食瘾吧，甜椒和甜菜也不错哦，颜色越丰富越好。

健康淀粉：淀粉不一定都不好，你需要有意识地选择那些富含营养的淀粉种类，如红薯、南瓜、全麦谷物、糙米、藜麦和燕麦。

植物性饮食革命的目标是让你重新爱上大自然的味道，爱上好吃的蔬菜、甜甜的水果、耐嚼的脆脆的谷物，爱上它们天然不做作的样子。有了我简单美味的食谱，你就等于拥有了一位住家主厨。

爱上吃植物，远离不健康的加工食品，你的生活质量会提高，超额的体重会甩掉，千真万确哦！泛滥成灾的很多疾病，比如糖尿病、高血压、心脏病、肥胖症和痤疮，都是饮食不当和久坐不动造成的。当你爱上原汁原味的白菜花、苹果、西兰花、橘子、覆盆子、藜麦、黑豆和罗勒时，发生了什么呢？

你彻底改变了你的人生和健康！

4

你的食物 = 你的健康

玛丽斯是一位六十多岁的美丽又活跃的女士。年轻时她很苗条,但随着年纪增大,她的体重也 10 磅、20 磅地涨起来了。她也不算很胖,但总感觉无精打采、体力不支,她以为这都是因为年纪大了。玛丽斯的儿子试过植物性饮食革命,很喜欢,后来一直坚持植物性饮食。假期中玛丽斯去儿子家住,也被植物性饮食革命吸引了。她爱做饭,很享受采购、准备、烹饪及品尝食材的过程,很快就爱上了干净、有机植物带给她的感觉。她的精力也充沛了,顽固的赘肉也消失了,睡眠质量也前所未有地提高了。

试过植物性饮食革命,玛丽斯才意识到自己过去从没关注过把什么食物放进自己嘴里。那些食物从哪儿来,又是怎么长出来的?她从来都不关心。而充足的精力、良好的睡眠、惬意的心情让她感觉很不可思议,她很骄傲自己选择了植物性饮食。

玛丽斯在儿子家住了一个月,回到自己家后,她继续实践新的饮食方式。不久,她去医院做年度体检,要做常规的血检。

体检结束，医生叫她过去。这倒是挺不寻常的，她开始有点担心了。有问题医生才会给你打电话，问题很严重医生才会叫你过去，不是吗？

她心怀不安地走进医生办公室，坐下来，准备迎接坏消息。

医生问她："你最近饮食有什么不同吗？"

玛丽斯说："我去儿子家住了一段日子，我儿子正在尝试一种植物性饮食，我就试了试，结果很喜欢。"

医生说："不管你在做什么，都别停下来！你的体检结果相当好，比近几年测的都要好！"

玛丽斯兴奋地得知，她的胆固醇水平下降了，空腹胰岛素水平下降了，虽然她并不超重，但也减掉了几磅。她对植物性饮食的生活方式心怀感恩，对于自己主动探索植物性饮食，她感到很自豪。

健康是唯一一个你不能委派给他人照管的东西。你的思想、行动及日常习惯掌握着你健康的生杀大权，或者使你变胖、生病，或者使你苗条、健康、充满活力。

为了健康与活力而进食

如果你发现无意识的习惯一直在伤害你，难道你不想停止它吗？如果正是无意识的习惯导致你肥胖、疲倦、生病呢？当然你想停止它。谁愿意超重50磅呢？就是超重10磅也没人愿意。谁愿意看医生、住院，错过生命的乐趣呢？没人愿意！

真相就是：如果你超重或肥胖，总是疲倦不堪，患有前驱糖尿病、糖尿病或心脏病，经常胃痛、胃灼热、胃胀、长痤疮……根源很可能是你吃的食物。塑料袋装的加工食品进入你的身体，导致你肥胖、疲倦、生病，你吃得很香的加工肉类、乳制品和糖类食品其实是伤害你的罪魁祸首！

你该怎么办？

你准备好改变了吗？你准备好食用让你更健康、强壮、纤瘦、快乐的植物了吗？食物是健康的源泉，植物性饮食给予身体最佳的健康养分。戒掉肉类、乳制品和鸡蛋，食用植物、水果、蔬菜和谷物，你将逆转趋势，变得更健康、更强壮，远离肥胖、疲倦与疾病。

植物性饮食就是好

最有营养、对身体最有益的食物是地上长的植物。科学研究表明，采纳植物性饮食的素食者患癌症、中风和心脏病（仍然是美国第一号健康杀手）的风险更低，身材更苗条，身体更健康，寿命更长。植物性饮食的裨益不可估量。

食物既能让人超重，患上高血压、糖尿病、哮喘、胆固醇升高，又能让人苗条、健壮、快乐，改变你的食物，你就能逆转你的病症。研究表明，水果和蔬菜能降低胆固醇水平，降低血压，预防并逆转糖尿病，减少哮喘发作，提高新陈代谢率，帮你更高效地燃烧热量。

如果你想减肥不反弹，植物性饮食是最好的答案。植物热量较低，纤维多，相较肉类，每盎司①不健康脂肪的含量更低。为什么要吃加工的食品快餐呢？干吗不吃一大份鹰嘴豆泥、扁豆、蔬菜、香醋汁沙拉，外加6杯②水果做甜点？显然，植物性饮食给你更多养分、更少热量，所以我总是建议我的客户将锻炼和植物性饮食结合起来，这二者是你完美身材的法宝。

---

① 1盎司约为28.3克。
② 杯（cup）是一个常见的非正式计量单位，约等于240毫升。

即使你没有锻炼的习惯，单是吃植物就能减肥。根据尼尔·巴纳德（Neal Barnard）博士的研究，植物性饮食能提高新陈代谢率，比肉类饮食下的新陈代谢率高 16%。洛马琳达大学（Loma Linda University）公共卫生学院的研究表明，全素食者比肉食者平均轻 30 磅，这就是植物性饮食的价值。

真相就是：如果你食用营养均衡的植物，每天适度锻炼，你想减多少磅都没问题。即使你没有健身教练、不去健身房，你也能做到。一份 2006 年的研究报告指出，素食者的减重不依赖于锻炼。这怎么可能？这是因为素食者吃的食物和非素食者吃的食物相比，其储存方式和燃烧方式都完全不同。植物性饮食能帮助身体在饭后燃烧更多热量，而肉类和加工类食品会以脂肪形式储存起来，导致身体燃烧更少热量。只要你经常锻炼，采纳植物性饮食，即使不是每天去两次健身房，你也会超级健康！

最佳的减肥方案是积极的锻炼加上健康的饮食，绝对要避免不健康的饮食。就像我在迈阿密的第一期动感单车客户一样，如果你做了大量的动感单车、跑步或阻力训练，之后又在饭店或路边摊吃了很多油腻的肉类食品，你绝对不会减肥，也绝对不会感觉身心健康。首先，你摄入的热量很可能大于你燃烧掉的热量，所以不可能减肥。其次，你在锻炼的时候，身体极度消耗甚至发炎，但你又不给它恢复体力所需的养分，所以你对身体施加了双重伤害。

营养均衡的植物性饮食包含芒果、葡萄柚、哈密瓜、小米、黑豆、甘蓝和甜椒等各种美味的植物，植物性饮食让你热量不超标，身体不发炎，感觉妙极了！

要植物，不要药片

你担心你的健康吗？你的担心恐怕也是你的邻居的担心、你邻居的邻居的担心。你住的那条街上、那个镇上，你的城市、你的国家，到处都是健康状况不良的人，这都是因为他们的饮食习惯有问题。他们有动脉斑块堆积，腰部和肝脏脂肪超标，医生不得不向他们解释，他们的健康面临严峻风险。这份担心关系到个人，也关系到整个国家。

如今，人们变得越来越胖，病痛越来越多，医疗保险成本却越来越高。心脏病已经成为美国人的第一大死因，癌症位居第二。如果我们能不生病，不是很好吗？

芬兰政府就是这么做的。20世纪70年代，芬兰的医生发现国民很年轻就死于本可预防的疾病，年轻人竟然死于心脏病！之后的10年里，芬兰政府采取措施改变国民的饮食结构：减少动物饱和脂肪的摄取（如黄油），增加新鲜农作物的食入量。到1995年，30~64岁芬兰男性的心脏病死亡率降低了65%。

但在美国，我们为我们的生活方式和非凡成就感到自豪，却吃着明知会严重威胁我们健康和寿命的食品。尽管大量研究告诉我们吃植物是多么重要，但仍有很多人继续吃垃圾食品。2012年，快餐行业花了46亿美元广告费向儿童宣传他们的食品。真是不惜投入巨资要说服我们继续吃让我们生病的垃圾食品啊！

一项针对50~71岁人士的50万人大型研究发现，食用红肉最多的人BMI最高，锻炼量最少，食用水果和蔬菜最少；食用红肉和加工肉类最多的人死于癌症和心血管疾病的风险增大。根据膳食指南咨询委员会的研究，植物性饮食与心血管疾病发作风险的下降、死亡率的下降有关。

发表在2013年《医疗杂志》（*Permanente Journal*）上的一份报告敦促医生建议患者采纳植物性饮食。报告指出，植物性饮食是帮助身体痊愈的最划算的方法。报告将健康饮食定义为植物性饮食："一种鼓励食用全食、天然植物，远离肉类、乳制品、鸡蛋及一切精制、加工类食品的饮食方式。"

该研究还表明，植物性饮食能降低体重指数、血压和胆固醇水平，采纳植物性饮食的患者服药量减少。对于那些担心自己患上糖尿病、高血压和心脏病的人来说，这可是天大的好消息啊。

植物性饮食能帮助修复长期吃肉类和加工食品对身体造成的损害，植物是最好的药材。

具体情况如下：

> **肥胖症**：研究表明，肥胖症和吃肉有正相关。2006年，一篇对87项研究的综述发现，全素或素食饮食能帮助人减轻体重，素食者的心脏病、高血压、糖尿病和肥胖症的发病率均较低。
>
> **糖尿病**：你想提高胰岛素敏感性吗？你想降低胰岛素抗药性吗？吃植物吧。一项对二型糖尿病患者的临床试验发现，采纳低脂全素饮食的患者有43%提高了胰岛素敏感性，降低了胰岛素抗药性。另一项研究发现，素食者患糖尿病的概率是非素食者的一半。
>
> **高血压**：在2010年的一项报告中，膳食指南咨询委员会告知美国农业部和美国卫生福利部，素食与更低的收缩压、舒张压相关。
>
> **心脏病**：植物性饮食是冠心病的有效治疗手段。大名鼎鼎的心脏病疗法研究者迪恩·奥尼什博士认为，包括采纳植物性饮食在内的生活方式的改变对心脏病治愈有积极作用。一项针对心脏病患者生活方式的实验研究了生活方式的彻底改变对动脉粥样硬化的影响。奥尼什的植物性饮食处方建议心脏病患者每日摄入的热量中，脂肪占比10%，蛋白质占比15%~20%，碳水化合物占比70%~75%，胆固醇摄入量低于每日5毫克。一年后，实验组中82%的心脏病患者动脉粥样硬化程度降低，对照组（没有参加植物性饮食方案的患者）中超过50%的心脏病患者动脉粥样硬化程度上升。5年后，实验组患者的恢复效果类似于服用了心脏病药物的患者。

吃植物吧！植物性饮食能降低你的血压，让你不得糖尿病，缓解动脉粥样硬化。一切证据都表明，植物是所有人的正确选择，患病人士更应选择植物性饮食。吃植物和吃药有相同的功效，能在享受美味的绿色蔬菜和谷物的同时预防疾病,为什么要吃药呢?

放下药片,拥抱植物!

动物、矿物质、蔬菜

你不需要通过吃肉来获取全部维生素和矿物质。很多人有这种误解,尤其那些对素食和全素食接触不多的人误解更深。很多人问我,植物性饮食能提供足够的蛋白质、铁和钙吗?我很开心地告诉他们,植物性饮食能提供你所需的全部营养物质(除了维生素 B_{12},你在下文中会了解到)。

想想看:你所吃的动物体内的一切营养物质来自于哪里呢?来自于植物啊!你吃的肉类里的所有矿物质都来自于植物。研究表明,与非素食者相比,素食者摄入更多的镁、钾、铁、硫胺素、核黄素、叶酸和其他维生素,摄入的脂肪总量更低。

食物中的维生素和矿物质是保障身体健康的要素,对皮肤、器官、血液、骨骼和肌肉的健康至关重要。富含营养的素食会让你更瘦、更健康。同时,营养平衡也很重要,食用种类丰富的水果和蔬菜是最好的方法,确保你摄取身体所需的全面的营养素、矿物质、维生素 A、维生素 B、维生素 C、脂肪、碳水化合物和蛋白质。

坚持植物性饮食革命的福利

抗击糖尿病:目前,约 3 亿 7 千万人患有糖尿病,根据国际糖尿病联合会的估算,到 2030 年,这一数字将达到 5 亿 5 千万。二型糖尿病是完全可以预防的,很多研究证明,植物性饮食能帮助预防这种疾病。

降低血压：大量研究表明，富含水果和蔬菜的饮食习惯有助于控制高血压。大约 1/3 的美国成年人患有高血压，这意味着他们患心脏病和中风的风险更高。心脏病和中风是在美国名列前茅的两大死因。

保持心脏健康：哈佛大学学者连续 14 年跟踪研究了约 11 万人的健康习惯，他们发现食用越多水果和蔬菜，心脏病发病概率就越低。每日食用 8 份以上水果和蔬菜的人的心脏病和中风概率比每日食用 1.5 份以下水果和蔬菜的人低 30%。

降低体重：许多研究表明，素食者与非素食者相比，摄入的热量更少，体重更轻，BMI 更低。用水果、蔬菜和全麦谷物代替肉类，能使你更有饱腹感，热量摄入更少。

获得大量纤维：纤维能帮助消化，防止便秘，有助于排便规律，还能降低胆固醇和血糖水平。植物性饮食中的水果和蔬菜均富含纤维，根据梅奥医学中心的研究，一杯覆盆子或一杯煮好的绿豌豆含超过 8 克纤维。

视力更佳：正如你或许知道的，胡萝卜中的维生素 A 能增强夜视力。菠菜、甘蓝、玉米、南瓜、猕猴桃和葡萄也有益视力，这些食物中的叶黄素和玉米黄素能预防白内障和黄斑退化。

为了最好的人生

我希望你今后的人生成为你最好的人生。

每当客户告诉我，他想逆转心脏病和糖尿病，想减掉 10 磅、20 磅、50 磅时，不可避免地我总会了解到更深的缘由……一直对食物很纠结，从父母身上学到的坏习惯，工作、感情中的不安全感——我听到的是疾病、孤独、不安和抑郁。

我总会这样对他说，我们的精神、情绪健康与食物关系太大了，强大的植物营养素能有效缓解抑郁！当你身体不健康、感觉不适，觉得自己很胖、很丑、无精打采时，一切都变得那么艰难，你不堪重负，对别人也没耐心了——

不管是在你前面开车很慢的陌生人,还是老说错话的朋友。营养不良会引发抑郁、情绪波动,而植物为你补充维生素和矿物质,确保你的情绪和身体全面健康。

植物性饮食的益处是全方位的,你的身体、精神、情绪各方面都会更加健康。当身体充盈着植物带来的能量与营养时,一切都变得得心应手。植物性饮食给你应对生命挑战的能量,让你用积极、善良、慈悲的心态面对人生,做出正确的选择,做由内而外最健康的自己。

第二部分

准备就绪

设置你的成功策略

5

通往成功的每日策略

我在古巴餐厅见过一句有趣的标语:"本店今天不接受赊账,明天可以。"当然,这句话的意思是本店永远不接受赊账。你有多少节食计划是从"明天"开始?你有多少家务活是"明天"要做?切莫依赖明天。

如果你真的想改变,就必须从"今天"开始。植物性饮食革命是一场全球革命,更是一场你的个人革命、个人挑战。革命何时开始,你说了算!成效持续多久,你说了算!你可以做到真正的改变,你可以让改变持久,你可以彻底革命,只是你必须开始,就在今天!

坚持推荐食量

在植物性饮食革命的前两周内,你一定要坚持推荐食量。当你转换为植物性饮食后,你摄入的热量将减少,因为新鲜蔬果的热量较低。一旦你开始这一计划,你需要向过度饮食和放纵饮食说不,有时候你会感觉不适、有些饿,这很正常，你的身体正在适应正确的食量，很快你的身体就会有焕然一新的感觉，它不必费力消化多余的食物了！

	分　量
豆类	1/2～1 杯
谷物，如大米、藜麦、小米、燕麦	1/2～1 杯
蔬菜	1～2 杯（如果你很饿，可以再加 1 杯不含佐料的蔬菜）
水果	1 杯
脂肪，如鳄梨	半杯
生的、无盐坚果和种子	1/4 杯
橄榄油	1 汤匙①
醋、柠檬、酸橙酱汁	少许
坚果黄油	1～2 汤匙

22 天之后，你的身体将完全适应推荐食量，这时你无意识地就不会饮食过量。你的目标是培养健康的习惯，懂得什么是节制。

如果你想减轻体重，就坚持执行表格里的较低分量。如果你的革命目的是获得植物性饮食的无数健康红利，就尽情享受表格里的较高分量。如果你还没看到期待中的效果，记得检查你的食量大小，这是阻碍你进步的头号原因。

我的一个朋友尝试了植物性饮食革命，非常成功，之后他一直坚持植物性饮食，不仅他自己的健康改善了，家人的健康也大大提升。于是他想让他的姐姐艾莉森也加入，但劝了她两年她才终于决定一试，结果一试就被吸引了，她用水果、蔬菜和全麦谷物填满了自己的厨房，饮食习惯彻底改变了。

一周后他打电话给他姐姐，问她效果如何，但她竟然一磅未减！这怎么可能？他向我求助。我也认识艾莉森好多年了，就跑到她家打探情况。她邀

---

① 1 汤匙约为 15 毫升。

请我一起吃午餐，我欣然同意，一来我也饿了，二来我想亲眼瞧瞧她是怎么贯彻革命菜单的。艾莉森端上一盆美味的藜麦沙拉，里面有很多蔬菜、香草、绿叶。一个从前只吃白面包腊肉芥末三明治的人，竟然已经进步了这么多，我太开心了！

只见艾莉森吃完一份，又吃了第二份、第三份。我立刻明白了，她在正确的时间吃着正确的食物，但她吃得太多了，没有关注自己的食量，她察觉不到身体饱了、该放下刀叉了。一旦我们找出了问题所在，她也学着管理食量大小，她的体重就开始下降了。

如果你习惯了吃很多，吃刚刚好就让你觉得像在挨饿，只要你的一日三餐是营养均衡的，80%碳水化合物、10%蛋白质和10%脂肪，你就得到了身体所需的营养和充足的燃料。

你应该带着头脑、带着觉知、带着节制吃饭。觉知和节制让你充分享受食物的每一点滋味。如果你不想饭后胃疼、腹胀，如果你想减肥，那就细细咀嚼每一口，吃完你那份后就停下。记住，你的身体需要20分钟才会发出饱了的信号。慢慢地，你的身体将很喜欢这种刚好吃饱的感觉，无须费力消化吸收更多食物。慢慢地，饥饿感不见了，你很快会发现自己的胃很舒服、很满足。这时你就学会了如何让身体告诉你吃多少合适。

在革命前期，不要担心饥饿的感觉！对自己克制一点，这样才能养成健康的新习惯，才能看到最棒的成效。

最近，一个朋友打电话给我，他想试试植物性饮食革命。他今年60多岁，在与医生谈话后终于幡然醒悟，医生说如果他不戒掉红肉和甜食，一定会心脏病发作。

他说："我一定得试试植物性饮食革命，我真的想试试。"

我开心极了，他是我的好哥们，这么多年我一直都劝他改变，现在他终于做好准备了。

我把植物性饮食革命方案寄给他。

他马上打电话给我:"那我要是饿了怎么办?"

我说:"饿了就说明你做对了。"

他问:"什么?这是什么意思?"

我解释说,他以前不觉得饿是因为他一直都吃得过饱。

我尽量温柔地说:"所以你才长成了310磅,为了健康,你今后在路过食品橱窗的时候,必须告诉自己'我不能吃'。"

终于他理解了,他必须接纳饿的感觉。起初,空空的胃让他很有焦虑感,但他渐渐适应了,吃到满足了就停,而不是吃到饱才停。他减掉了80多磅,不再像以前那样害怕自己会突发心脏病,几十年来他第一次感到如此快乐、健康。

零 食

植物性饮食革命中,你最多可以隔一天吃一份零食。记住,你正在学习适应一天只吃三顿饭,你的身体也许需要零食作为过渡,零食是允许的!

推荐零食:

- 生的无盐坚果(记住分量是1/4杯哦)
- 一片水果
- 2汤匙鹰嘴豆泥配蔬菜
- 1汤匙坚果黄油配芹菜、苹果、梨
- 半份果昔(见第十七章的食谱)

不乱吃零食

第一周和第二周里,你将学着觉知自己的饮食习惯,学着体验植物性饮食带给你的身心感受。在这个时期,坚持每天只吃三顿饭很重要,也要格外留意两餐之间你的表现。

20多岁的玛丽自从青少年时就备受体重问题困扰,她在阅读了很多植物性饮食的成功案例后,终于决定亲身尝试一下。起初的几天,玛丽百分百投入植物性饮食中,但效果并不显著,她花了一周时间才明白,原来对她来说最难的不是坚持植物性饮食,而是改变吃东西的习惯。

真相是——玛丽太爱吃零食了。革命开始之际,她把所有的零食替换成植物配方的零食,也就是用植物做的加工食品。

而我们革命菜单上的"零食"指的是一片水果,货真价实的连小孩都能认出来的水果。糖果也是素食,但别以为糖果是你该吃的!想吃植物零食的时候,就吃水果和蔬菜,而不是薯片和曲奇。

玛丽必须搞清楚她为什么这么爱吃零食。她发现她已经和祸害她的零食缔结了深厚友谊,每当她需要发泄、庆祝、想事情或放松时,她都求助于零食。几乎任何一种情绪的出现她都用零食来排遣,但总是无济于事。食物不能解决任何问题,只会增加你的失败感,使问题更复杂。当玛丽意识到是什么在阻碍她实现目标时,她尝试用健康习惯取代坏习惯。她爱吃脆脆的薯片,于是用脆脆的蔬菜条取而代之。想吃零食的时候,她就散散步,或者给爱人打个电话。慢慢地,效果出现了。

植物性饮食革命中,玛丽减掉了15磅。之后她依然坚持植物性饮食,到现在已减掉47磅。今天的玛丽掌控着自己的健康和快乐,还喜欢上了冲浪和跑步,微笑面对人生。

22 天不饮酒

植物性饮食革命过程中,请不要饮酒。我会告诉你三点原因:原因一,酒也含热量,喝酒就等于喝下热量;原因二,饮酒导致脱水,脱水会使你更饿,降低你的意志力,导致你放纵自己的食物选择;原因三,饮酒会让你的味蕾渴望旧日的食物味道。植物性饮食革命之后,当你的习惯已经改变,当你已经体验了植物性饮食的好处,你可以自己决定偶尔喝一杯红酒、啤酒或白酒,将它融入你新的健康生活方式。

好友贝丝的经历让我意识到节制饮酒有多么重要。贝丝超重 40 磅,节食时断时续。她尝试了植物性饮食,在改善健康的同时,吃到这么多植物佳肴,她很开心。但她总是坚持不了 22 天,意志力总是在快要抵达目标前崩溃,滑回到老习惯里。最终,她认为植物性饮食革命不适合她。

我很困惑,问她能不能回顾一下每日的饮食。从周一到周四下午,一切正常,但日记自此便终止了。我问她周末吃了什么,她答道:"还是吃素,但我喝了伏特加,伏特加比其他饮品热量和糖分都低哦。"我苦笑,贝丝不愧是转移话题的高手,我说:"我没问你喝了什么,我问你吃了什么。"她不禁笑着说:"刚开始喝酒,我吃东西还挺谨慎,喝上一会儿,我就发现自己吃起了薯片、薯条,以及所有那些我限制自己吃的食物。毕竟是周末嘛,而且这些也都是素食呀!"

贝丝的问题不仅仅在于喝进去不少热量,更在于喝酒带来的放纵饮食,以及旧的饮食习惯卷土重来。更糟糕的是,喝了酒的第二天,她心怀正确的态度醒来,但到了下午意志就开始动摇,她心想:"我就喝一杯伏特加,以酒解酒,不吃别的,就吃一个蔬菜三明治。"一杯酒下肚,又一杯酒下肚,她还没反应过来,就已经回归到大吃大喝的恶性循环里了,就这样度过了一个周末。到了周日,她坚信植物性饮食革命不适合自己。

我终于说服贝丝,为了健康,她应该把植物性饮食革命坚持完成,我相信她可以做到。最艰难的第一周,她成功突围;第二周,她感觉到一种新的能量和清明;第三周,她的力量和信心不可阻挡。贝丝一直坚持着植物性饮食,五个月内她减掉45磅。今天,她饮酒有度,植物性饮食尽在她的掌控。

贝丝说:如果她能做到,任何人都能做到。我只希望你能试验22天,让植物性饮食携你抵达胜利彼岸!

使用体重计

最近,我问一位客户他体重多少。他回答:"你走之后我就没再称过体重,我从来不称体重,我有体重计恐惧症!"他没开玩笑,他真的害怕体重计。当然了,他害怕的并不是体重计,而是害怕失败。但是假如不称体重,你怎么能赢呢?

体重计是你的朋友,我希望你早上一起床就称称体重。一旦你开始这一计划,体重计便帮助你保持平衡,如果你吃得对,但是一称体重却涨了1磅,你就可以告诉自己:"哦,这里面肯定有问题,我得解决它。"每天称体重会让你每天约束自己!称体重的时候,你对自己的进步有了一个客观的认识。它不涉及个人情绪,只是数字,让你对自己的体重保持警觉。

无意识地吃东西就像在用一张信用卡,一天天过去,你意识不到自己行为的总体后果,你没有在数消费的每一元钱,你是没有觉知的。但到了月底,账单寄来,你大吃一惊:"谁花了这么多钱?"是你啊。等到银行开始给你寄信说"信用额不足"时,就为时已晚了。

如果你不有规律地使用体重计,后果也一样。每年一次你去体检,站在体重计上，医生对你说："你重了20磅。"下一年，又是20磅。体重就是这么涨起来的，没有人一夜之间从120磅涨到320磅！他们从120、122、125、126、127、130、134、136、138这么一点点涨上来，如果仍不留意，体重还会继续上升。这就是你的体重是如何上涨的。这就是数学！体重计不骗人。一年涨20磅，你恢复健美身材将越来越难。跟上比落后了追赶上要容易得多，第二天就喊停放纵的行为比三个月后才喊停容易得多。

如果你一称体重，发现自己涨了几磅，这时你需要分析你今天吃了什么，昨天吃了什么。体重计教会你更加有意识地关注自己的饮食和锻炼。

你需要问自己以下问题：

- 我每顿饭都吃八分饱吗？
- 我每顿饭都吃得过饱吗？
- 我喝很多高热量饮料吗？
- 我的睡眠正常吗？
- 我昨天锻炼了吗？
- 今天我吃了几顿饭？吃了些什么？
- 我吃蔬菜了吗？
- 我是不是吃了太多全素甜食？
- 我吃的是全素加工食品，还是植物性饮食？
- 我吃的盐太多吗？我缺水吗？
- （对女性来说）我的月经正常吗？

体重计是你的健康好伙伴。就像医生测你的心跳和血糖一样，你也得测测体重，及时改变不恰当的做法。如果你发现体重上升了，就仔细检查一下你的饮食锻炼习惯是否哪里不对。

关注你的动机

你为什么想要改变？你想要变健康的理由对你的成功至关重要。你的动机确保你在诱惑来袭时不偏离主线,你的动机促使你起床锻炼而不是再睡半小时,你的动机让你伸手去拿胡萝卜、芹菜而非薯条,你的动机实在很重要!

有的人想要变瘦,将变瘦作为目标只是一种临时措施,像是给一个顽疾贴了一张创可贴。如果你只是为了一个即将来临的婚礼而减肥,当婚礼结束,会发生什么?你会再次变胖,因为你的动机是临时的、不持久的。如果你的目标是能在 20 年后看着儿子或女儿步入婚姻殿堂,这就是长期的、可持续的目标。

也许你加入植物性饮食革命的原因是与医生的一次严肃的谈话。我很高兴你终于决定掌控你的健康,但是基于恐惧的动机也不会持久!下一次见医生如果情况转好,你就又返回到旧习惯了。归根结底,对死亡的恐惧并不是一个可持续的动机,你应该多想想活着的理由,好好生活的理由——为了你的孩子、爱人、兄弟姐妹、父母、祖父母、亲戚和朋友,为了你自己,为了这个美丽的世界,为了能够去旅行,为了享受生命中美妙的时刻。

比起变瘦,比起永生不死,想要好好生活、能一直爱我们所爱之人的渴望是更加可持续的目标。这正是让你每天早上起床去上班的原因,不是吗?这正是让你脸上有微笑且不断奋斗的原因,不是吗?如果你有正确的动机,新的生活方式和习惯就更容易持久,你就更容易长久拥有那些美好健康的感觉。

成功的五大支柱

终极的成功来自于相互作用的各种元素的组合。如果你想成功,如果你想享受完满快乐的人生,请牢记成功的五大支柱。

支柱一:**饮食**。现在你应该已经很了解什么是正确的饮食及其营养价值了,想要健康,就必须关注你的食物,一定要吃植物哦!

支柱二：锻炼。锻炼是饮食的补充，二者的结合保证你达到最佳瘦身效果，增强你的心脏、肺、肌肉和骨骼的功能。

支柱三：睡眠。锻炼之后，身体需要利用食物中的营养素来修复肌肉和组织，这就要求你充分休息。充足的睡眠是健康的基础，它能帮助细胞再生，释放压力，让你一天都感觉精力充沛。睡眠不足的人决策力下降，易怒，更容易吃零食。

支柱四：压力管理。压力能危害你的身体、工作和亲密关系。如果你没有做好前三个支柱，你的能量值会下降，压力值会上升。生活中有很多使压力值上升的因素：工作上的问题，亲密关系中的矛盾，你的健康出了问题，你的爱人生病了。良好的饮食、适当的锻炼及充足的睡眠是管理压力的好方法。

支柱五：爱。生命中拥有大量的爱是成功的又一支柱。人类是不应该孤独生存的，人是社会动物，需要伴侣、友谊、家庭和宠物。任何事业的成功都需要你的支持系统：你的父母、孩子、兄弟姐妹、朋友、关心你的人和无条件爱你的宠物。你变得越健康，就越有能力照顾他们，他们就越容易支持你，生活就更快乐！没有人想成为家人的负担，如果你希望家人充满快乐地支持你上学、毕业、结婚、生子、跑马拉松、举办庆祝派对，就让自己变得健康、成功而美好吧！

用爱与善意对待自己，静候自己的繁花似锦。

如何现在就开始

现在你在哪里？现在几点？你感觉激动万分吗？你想开始植物性饮食革命吗？我想告诉你：你可以现在就开始。你不必等待明天。起跑线就在现在这一刻，无论你在哪里，无论现在几点：哪怕现在是早上九点，你的厨房里没有健康食品；哪怕现在是中午，你在机场候机；哪怕现在是下午三点，你上班茶歇；哪怕现在是周日晚上，你要去附近最钟爱的餐厅和朋友们聚餐。

你可以现在开始。

- **深呼吸**。做一个有意识的决定，选择成功，付诸行动。
- **清理厨房**。如果你有时间，立刻展开清理厨房的行动，查阅后文，学会如何尽可能无痛清理厨房。
- **采购新鲜食物**。我强烈建议你立即查阅第一天的菜单，采购第一天所需的新鲜食物，马上开始你的革命旅程。事实上，我非常鼓励你一边执行植物性饮食革命，一边继续阅读这本书，学习植物性饮食的原理和好处。
- **打电话给餐厅**。即使你的午餐或晚餐已经约好去餐厅吃，你仍然可以从现在开始植物性饮食革命。植物性饮食者也去餐厅，也去派对！你只要提前在网上看看菜单，计划一下要点什么就好了。无须大费周章，无须宣告全世界，找到菜单研究一下，也可以提前打电话给餐厅说："嘿，我是全素食者，你们有健康、干净的食物吗？"去餐厅前，你可以先吃一把生杏仁，让自己底气十足地迎接诱惑。
- **在床的另一边睡觉**。你想明天早晨醒来感觉人生有所不同吗？在床的另一边睡觉吧，或者换一个卧室睡觉。我希望你带着有某种东西不同了的感觉醒来。

你即将踏上改变习惯与人生的征程，带着焕然一新的觉知在第一天醒来吧！第二十二天，你将发现你已经变了一个人。

6

植物性饮食革命营养入门

在你购买食材、烹饪植物性饮食革命食谱的过程中，你将从每一餐中获得营养均衡的脂肪、碳水化合物和蛋白质，以及维生素、矿物质和植物营养素。

一顿营养均衡的饭菜包含：

- 80% 的碳水化合物
- 10% 的蛋白质
- 10% 的脂肪

下面是细致分解。

复合碳水化合物

人们对碳水化合物有一种普遍的误解，认为它对身体不好。碳水化合物分为简单的和复合的，对身体和健康的影响大不相同。简单碳水化合物由一个或两个糖分子构成，是吸收最快、利用最快的能量形式。如果要吃简单碳水化合物，推荐选择富含维生素、矿物质和纤维的蔬菜水果，避免食用糖果、汽水、加工糖类等形式。这些加工糖类常被称为"无营养热量"，几乎没有营养价值。复合碳水化合物由三个或更多糖分子串成复杂的链状，富含维生素、矿物质和纤维，消化吸收较慢，因而能提供持久能量。全麦谷物、蔬菜和豆类有丰富的复合碳水化合物。吃入碳水化合物会产生两种反应：或者作为能量燃烧了，或者转化为脂肪储存在脂肪细胞里。你猜哪种更经常发生？当糖分进入消化道，胰腺就监测到它，释放胰岛素来管理血糖水平（糖分越多，释放的胰岛素就越多）。胰岛素帮助把多余糖分以糖原形式储存在肝脏和肌肉组织里，或转化为脂肪储存在脂肪细胞里。有时糖分太多，胰腺释放了太多胰岛素，导致血糖急剧下降。

假设你要去旅行，需要打包行李，你拿出旅行箱，如果一股脑儿把所有衣服都放进去，就会塞得乱七八糟。如果把衣服一件件叠好放入，就会很整齐、不拥挤。

这就类似吃入含纤维的复合碳水化合物，你的消化道不会拥挤，可以有效处理能量的储存，保持血糖水平均衡。而吃入了简单碳水化合物就会被快速消化吸收，导致血糖激增，局面混乱难以收拾，胰腺不得不释放大量胰岛素来储存糖分，让你血糖猛降，想要吃更多的糖，恶性循环就此启动。

我们需要碳水化合物，因为它是身体的主要能量来源（我们身上所有的组织和细胞都利用碳水化合物产生能量）。但是我们需要食用正确的碳水化合物（即水果、蔬菜、全麦和豆类）以获得能量的平衡和最健康的体魄。过去十年间，碳水化合物背上了恶名，但我们应该关注的是从哪些食物中获取它，以及不同种类的碳水化合物。

蔬菜和水果提供高纤维的复合碳水化合物，这正是身体所需要的。身体将这些大分子解构为葡萄糖，你的大脑、神经系统和整个身体都依赖碳水化合物产生的能量。你的每一个动作和每一个想法都需要水果、蔬菜、谷物和豆类提供的复合碳水化合物作为燃料。碳水化合物之所以成为问题，是因为真正的食物被加工食品取代了。请远离过度加工的碳水化合物如纸杯蛋糕和比萨，食用复合碳水化合物如水果、蔬菜、全麦谷物和豆类，让你从早到晚能量充沛！

蛋白质

身体里的每个细胞都需要蛋白质，蛋白质由氨基酸构成，身体利用氨基酸生产肌肉，制造激素和酶，使头发和指甲生长。你的DNA像一个程序，告诉氨基酸如何组合起来，发挥身体所需的功能。每个基因都是一张说明书，指挥氨基酸长成一个蛋白质分子。

有一些氨基酸是我们身体不能自己制造的，但对健康至关重要，叫作必需氨基酸，只能从食物中摄取。植物、肉类、鸡蛋和奶制品都能提供必需氨基酸。肉类含有所有的必需氨基酸，因为肉类是肌肉组织，我们利用蛋白质就是为了制造肌肉组织嘛。

吃各种植物的好处就在于你能摄取到全部的必需氨基酸。有些植物本身就含有全部的必需氨基酸，比如藜麦、奇亚籽、大麻籽和荞麦。谷物和豆类结合着吃，也能确保全部必需氨基酸的摄取。吃到种类丰富的植物真的很重要！

一些客户担心他们不能从植物性饮食中获得足够的蛋白质，事实并不是这样，植物性饮食能提供足够的蛋白质！肉类饮食能提供双倍的蛋白质，但额外的蛋白质并不能造更多肌肉，不会让你更强壮，反而会导致骨质疏松症、肾病和一些癌症。

美国疾病控制中心建议，蛋白质应占每日热量总摄入量的10%~35%（孕

谷 物

植物蛋白来源

 煮好的苋菜籽
1 杯
9 克蛋白质

 煮好的糙米
1 杯
5 克蛋白质

 干荞麦
半杯
12 克蛋白质

 煮好的小米
1 杯
8 克蛋白质

 干燕麦
半杯
6 克蛋白质

 煮好的藜麦
1 杯
8 克蛋白质

豆 类

 煮好的黑豆
1 杯
15 克蛋白质

 煮好的鹰嘴豆
1 杯
15 克蛋白质

 毛豆
1 杯
17 克蛋白质

 煮好的芸豆
1 杯
16 克蛋白质

 煮好的扁豆
1 杯
18 克蛋白质

 豆腐
半杯
10 克蛋白质

坚 果

 杏仁酱
2 汤匙
8 克蛋白质

 杏仁
1 盎司
6 克蛋白质

 腰果
1 盎司
5 克蛋白质

 花生酱
2 汤匙
8 克蛋白质

 花生
1 盎司
7 克蛋白质

 开心果
1 盎司
6 克蛋白质

 核桃
1 盎司
4 克蛋白质

植物蛋白来源

种子

亚麻籽
1 汤匙
2 克蛋白质

大麻籽
2 汤匙
7 克蛋白质

南瓜籽
半杯
6 克蛋白质

芝麻
2 汤匙
3 克蛋白质

葵花籽
半杯
15 克蛋白质

蔬菜

煮好的芦笋
1 杯
4 克蛋白质

煮好的甜菜
1 杯
3 克蛋白质

煮好的西兰花
1 杯
4 克蛋白质

煮好的豌豆
半杯
4 克蛋白质

煮好的双孢菇
1 杯
5 克蛋白质

煮好的菠菜
1 杯
5 克蛋白质

水果

佛罗里达鳄梨
1 杯
5 克蛋白质

黑莓
1 杯
2 克蛋白质

不加糖的干椰子
1 盎司
2 克蛋白质

椰枣
半杯
2 克蛋白质

葡萄干
1/4 杯
1 克蛋白质

番石榴
1 杯
4 克蛋白质

大橘子
1 个
2 克蛋白质

西瓜
1 杯
1 克蛋白质

妇、哺乳期妇女和运动员的数值不同)。所有的植物性饮食都含有蛋白质,因此不必担心蛋白质摄入量不足。(请查看第十四章"健身革命",了解植物蛋白质对运动员的种种好处。)

脂肪酸

蛋白质在人体内被分解为氨基酸,而脂肪被分解为脂肪酸。脂肪酸是人体能量的主要来源。你可以通过直接食用脂肪来获得脂肪酸,也可以将碳水化合物转化为脂肪酸,储存在脂肪组织里,确保你有能量完成日常活动和锻炼,尤其是本书第十四章推荐的锻炼项目!

就像必需氨基酸须从食物中获取一样,必需脂肪酸如欧美加-3和欧美加-6也须从食物中获取。欧美加-3分为三种:海藻中含的EPA和DHA,以及植物油、亚麻籽和核桃中含的ALA。植物油、核桃、葵花籽和松仁中含欧美加-6。欧美加-3和欧美加-6有益指甲、头发与皮肤的健康。

一顿营养均衡的全素饭菜应提供足够的欧美加-3,亚麻籽粉、亚麻籽油、核桃和芥花油都富含欧美加-3。

维生素

读到这里你已经知道,全素饮食好处太多了。与普通杂食者相比,全素食者营养更全面均衡,体重更轻,肌肉量没有明显降低。但不可忽视的是,植物性饮食中有两种维生素是较难摄取到的,即维生素D和维生素B_{12},因此我建议植物性饮食者每日服用多种维生素补充剂。想知道各种关键维生素的摄取方法,请查阅附录。

维生素 B_{12} 在肉类、鸡蛋和奶制品中含量丰富，但在植物中含量非常有限（某些营养酵母和燕麦中添加有维生素 B_{12}）。维生素 B_{12} 在人体中发挥着重要作用，包括造血功能，摄入量过少可有严重后果，会导致不可逆转的神经损伤。不吃肉类、鸡蛋和奶制品的全素食者和植物性饮食者应服用维生素 B_{12} 补充剂，如甲钴胺。

全素饮食的另外两个关键元素是钙和铁。

钙

钙不仅来源于奶制品，从丰富的蔬菜、豆类、坚果和种子中也能获得足量的钙。钙能强健骨骼和牙齿，保证正常的神经、肌肉及凝血功能。千万别信全素食者会缺钙的谎话，只要对植物的钙含量有所了解，计划你的饮食，就能确保摄取足量的钙。如果你仍存疑虑，请咨询医生或服用植物钙补充剂。

只要选择恰当的食物，你就可以轻松获得每日所需的钙。芥末、芜菁叶、小白菜和甘蓝是很棒的高钙植物。两杯甘蓝、杏仁、葵花籽、眉豆和芝麻酱做成的沙拉补充 500 毫克钙，一杯杏仁奶或坚果强化奶、杏仁黄油和菠菜做成的果昔又能补充 500 毫克钙，超额满足你的每日摄取量。

你可以从下表查看你每日所需的钙含量，以及非大豆植物的钙含量排名。

非大豆植物钙含量排名		
食　物	分　量	钙
非乳制品强化奶	1 杯	200～300 毫克
芝麻	1 盎司	280 毫克
煮好的宽叶羽衣甘蓝	1 杯	266 毫克
煮好的菠菜	1 杯	245 毫克

（续表）

非大豆植物钙含量排名		
食　物	分　量	钙
煮好的芜菁菜	1 杯	197 毫克
生的羽衣甘蓝	2 杯	180 毫克
煮好的西兰花	1 杯	180 毫克
奇亚籽	1 盎司	177 毫克
煮好的小白菜	1 杯	158 毫克
芝麻酱	2 汤匙	128 毫克
煮好的菜豆	1 杯	126 毫克
煮好的美国白豆	1 杯	120 毫克
苋菜	1 杯	116 毫克
煮好的芥菜	1 杯	104 毫克
煮好的羽衣甘蓝	1 杯	94 毫克
杏仁黄油	2 汤匙	88 毫克
烤红薯	1 杯	76 毫克
杏仁	1 盎司	74 毫克
赤豆	1 杯	65 毫克
煮好的秋葵	半杯	62 毫克
脐橙	1 个	60 毫克
干无花果	2 个	55 毫克
生葵花籽	1 盎司	50 毫克
杏干	半杯	35 毫克

每日所需的钙

0～1 岁的儿童　▶ 210～270 毫克 / 天

19～50 岁的女性，19～70 岁的男性　▶ 1000 毫克 / 天

1～8 岁的儿童　▶ 700～1000 毫克 / 天

50 岁以上的女性，70 岁以上的男性　▶ 1300 毫克 / 天

9～18 岁的儿童　▶ 1300 毫克 / 天

铁

对植物性饮食最普遍的一个误解是说它不能提供足够的铁。植物也通过根部吸收土壤中的铁,但植物里的铁对于人体来说较难吸收。但不必担心!有很多富含铁的植物,比如绿叶蔬菜、水果和豆类,你只要确保每天都吃一些富含铁的植物就好了。

植物性饮食应该包含富含铁的植物,比如芸豆、黑豆、黄豆、菠菜、葡萄干、腰果、燕麦、卷心菜和番茄汁。虽然不吃动物制品的全素食者,铁储备比非素食者低,但根据美国营养学会的研究,即使是全素食者也很少有因为缺铁患贫血症的。

你的身体每天需要多少铁呢?男性每天需要8毫克铁,女性每天需要18毫克铁(由于月经导致的血液流失),停经后的女性每天需要8毫克铁,怀孕的女性每天需要27毫克铁(请遵医嘱服用一些铁补充剂)。

哪些食物是最好的非大豆植物铁的来源呢?铁含量又是多少呢?

请查看下面的表格。

非大豆植物铁含量排名		
食 物	铁	分 量
煮好的菠菜	6.4 毫克	1 杯
晒干的番茄	4.9 毫克	1 杯
南瓜籽	2.5 毫克	1 盎司
煮好的瑞士甜菜	4 毫克	1 杯
鹰嘴豆	2.4 毫克	半杯
眉豆	3.3 毫克	半杯
小扁豆	3.3 毫克	半杯
可可含量大于 70% 的黑巧克力	3.3 毫克	1 盎司
藜麦	2.8 毫克	1 杯

(续表)

非大豆植物铁含量排名		
食　物	铁	分　量
芝麻酱	2.7 毫克	2 汤匙
棕榈芯	2.3 毫克	半杯
螺旋藻	2 毫克	1 汤匙
杏干	1.8 毫克	半杯
葡萄干	1.5 毫克	半杯
杏仁	1.3 毫克	1/4 杯

每日建议摄取量

女性　▶ 18 毫克 / 天

男性　▶ 8 毫克 / 天

从表格可知，每天摄取 18 毫克铁并不难，把植物组合起来吃就行了，一盘用菠菜、葡萄干、杏仁、南瓜籽和番茄干做的沙拉能轻松提供 10 毫克铁，用藜麦、小扁豆和棕榈芯做的主食能提供另外 8 毫克铁。你瞧，两份食物就轻松满足了你一天的铁摄取量，再吃点零食、黑巧克力，你从植物中摄取的铁就足够了，根本不需要吃肉。

能量食物

健康又令人满足的美食是用地里长得最健康、最有营养的食物做成的。把它们融入你的一日三餐，你会更健康。以下是我最喜欢吃的能量食物。

腰果

口味清淡，营养价值高，加进任何饭菜里都很合适。腰果是种子，长在腰果树果实底部。原产于温暖、热带气候的巴西，是当地人和加勒比海人眼中的珍馐。幸运的是，今天在世界各地的商店里都能找到它们。

维生素和矿物质：腰果富含微量元素，包括铜、锰、色氨酸、镁和磷。1/4 杯腰果就是一份很棒的小吃，热量仅为 791 千焦，却能补充 20%～37% 的上述微量元素。

促进心脏健康：腰果富含抗氧化剂，有益心脏健康，尤其是对女性来说。英国一项最新研究综合了 4 个大型研究的数据，发现每周食用坚果 4 次或更多次能使冠心病发病风险降低 37%，太了不起了！

增强体力：腰果里的铜能维持骨骼和组织的健康，促进皮肤和头发中的黑色素生成。增加饮食中的铜含量，能降低结肠癌发病风险，保证骨骼和关节的灵活性。

骨骼健康：镁是骨骼健康的重要因素，它为骨骼提供结构支撑，调节肌肉张力。它还作为神经阻滞剂，防止过量的钙刺激细胞，使神经、血管和肌肉保持放松。镁和钙的均衡食用能确保正常的血压，减少肌肉痉挛，降低偏头痛的发作频率和疼痛程度。

健康体重：尽管坚果的高脂肪令很多人望而却步，但研究表明，经常食用坚果的人跟很少食用坚果的人相比反而不容易增重。所以，你可以放心地吃一把腰果当作小吃，买点或者做点腰果黄油，麦片和沙拉里也可以加点腰果。

杏仁

杏仁营养丰富，味道香甜，功能多样，很容易添加进你的食谱。它能健脑，降低胆固醇，强健骨骼和牙齿。1/4 杯杏仁就能补充你每日所需的 45% 的锰和维生素 E。

心脏和血液循环健康：每周食用坚果 5 次能使心脏病发作风险降低 50%，厉害吧！此外，杏仁皮富含类黄酮和维生素 E，能保护动脉，进一步降低心脏病风险。

健康脂肪，降低胆固醇：杏仁的脂肪含量虽高，但都是健康脂肪，反而有助于减肥。每周食用坚果两次以上能使减肥成功率增加 31%。通过降低饭后血糖水平，你更不容易饥饿。富含单不饱和脂肪，通过取代饱和脂肪，能降低低密度脂蛋白胆固醇水平。

碱性，含磷：很少有蛋白质能使你的身体呈碱性（而非酸性）。碱性对免疫力、体力和体重保持十分关键。杏仁是唯一的碱性坚果。杏仁也富含磷，磷是维护骨骼和牙齿健康的主要因素。

你能买到的杏仁有整的、切片的，还有杏仁粉、杏仁黄油。可以生吃，也可以烤熟放入麦片、沙拉和主菜。天然的杏仁黄油可替代花生酱，杏仁粉可用来烘焙或做果昔。

随身携带杏仁当作小吃吧，配点腰果和开心果也不错，你会更健康！

南瓜籽

南瓜籽被看作"地球上最健康的食物"，富含矿物质，包括锌和锰。脱了壳的南瓜籽虽然容易食用，但会流失维生素E。烤南瓜籽是可口的零嘴，生南瓜籽脱了壳可以放入汤、沙拉和燕麦粥。你还可以买来南瓜籽油放入汤和果昔中。

所以，如果你需要一份振奋人心的零食，就吃点南瓜籽，享受这些健康福利吧！

大量多样的抗氧化剂：现在你大概已经听腻了每一种健康食物都"富含抗氧化剂"了，但南瓜籽名列第一。它和其他富含抗氧化剂食物的区别是，它含有多种多样的抗氧化剂，包括各种形式的维生素E。

改善心情：南瓜籽富含L-色氨酸，能改善心情，为身体提供长效作用的能量，摆脱下午两点低血糖烦扰。

降低癌症风险：南瓜籽中的抗氧化剂能减轻身体的氧化应激，降低特定癌症的发作风险，包括乳腺癌和前列腺癌。南瓜籽中的葫芦素能杀死癌细胞，有抗菌作用。南瓜籽能降低绝经后的女性患乳腺癌的风险。

杀菌作用：南瓜籽久被用于替代疗法，美洲印第安人用它抗击真菌和病毒感染。南瓜籽的杀菌性归功于木脂素。

富含维生素 K：生南瓜籽维生素 K 含量高，有助于组织受损后血液凝固，加速愈合，防止过度出血。

缓解绝经期症状：南瓜籽能缓解绝经期症状。一项 2011 年的研究表明，经常食用南瓜籽油能缓解头痛、关节痛和潮热，平衡情绪，改善胆固醇水平，降低血压。

藜麦

藜麦正在登上头版头条，引领健康饮食风尚，这是有原因的。藜麦是甜菜的近亲，很多人以为它是一种谷物，像小麦和大米一样，但其实它是一种蔬菜种子。

优质蛋白质：对素食者和全素食者来说，藜麦是优质的蛋白质来源，它包含身体最佳运转所需的九种必需氨基酸。藜麦的蛋白质含量高达 20%，比大米、小米和小麦的蛋白质含量都高。加入沙拉、配菜或主菜中，可以确保身体得到充足的蛋白质，保证组织的生长和修复。

富含核黄素（维生素 B_2）和镁：藜麦中的核黄素可以增强体力，缓解偏头痛，促进细胞的最佳运转。镁可以放松血管肌肉，预防高血压。

低热量：1/4 杯生藜麦只有 720 千焦，其中 100 千焦来自蛋白质，仅 59 千焦来自糖。藜麦是无麸的，用它代替大米等谷物，既不会挨饿，又能控制体重。

低升糖指数和高纤维：藜麦的升糖指数低，吃了它血糖不会骤然升高。它的纤维是其他谷物的两倍，使你更有饱腹感，还能降低胆固醇。

富含铁、赖氨酸、锰：饮食中铁的含量平衡可以确保肌肉健康运转，为大脑供氧，还能调节体温和酶。赖氨酸能促进身体组织的修复。锰可以抗氧化，保护线粒体和血红细胞免于受损。

抗炎、促进骨骼生长：在动物研究中，科学家发现藜麦有抗炎功能，并能通过降低脂肪组织的水平降低体重。藜麦还能协助钙的吸收和胶原蛋白的形成，促进骨骼的健康生长。

藜麦可以做成藜麦棒和藜麦粥，加入沙拉、即食麦片、汤或全素汉堡，还可以用藜麦粉做薄饼、烤面包等。

无麸燕麦

无麸燕麦是健康的零食和主食，益处多多，令你能量充沛。

补充身体能量： 100克无麸燕麦含66克碳水化合物，为你提供充足能量。它还富含膳食纤维，能促进心血管健康。

控制血糖： 无麸燕麦含有一种可溶纤维，叫β-葡聚糖，能减慢糖分吸收，从而维持血糖水平，尤其对二型糖尿病有调节和抑制作用。β-葡聚糖还能增强免疫系统，帮助快速发现感染源。

有益心脏和血液循环系统： 燕麦中的可溶纤维能降低总胆固醇水平，有益心脏和血液循环系统的健康。同时，燕麦中的抗氧化剂能抑制低密度胆固醇的氧化，防止它穿透血管壁，减少斑块积聚。燕麦与橘子汁或维生素C同食，能使作用更显著。

更有饱腹感： 无麸燕麦能减缓食物的消化，使控制食欲的激素酪酪肽维持在正常水平，使你更有饱腹感。研究显示，燕麦是饱腹感最高的食物之一，如果你想能量充沛、带着满足感开启你的一天，就吃无麸燕麦吧。

无麸燕麦比其他种类的燕麦更容易消化，尤其适合麸质不耐症或麸质过敏的人。你能买到即食燕麦、燕麦片和钢切燕麦，燕麦粉在某些食谱中也可以用来替代普通面粉。

亚麻籽

公元前3000年左右，亚麻籽首先在巴比伦地区栽种。它容易生长，营养丰富，类似谷物。在饮食中添加亚麻籽能帮你抵抗疾病。

抗癌： 最新研究表明，亚麻籽中的欧美加-3脂肪酸能抑制肿瘤生长。另外，亚麻籽中的木脂素能抑制某些对激素敏感的癌症，且不干涉药物疗效。木脂素可以阻隔与激素代谢相关的酶，从而抑制肿瘤细胞的扩散和生长。

有益心脏：亚麻籽中的植物欧美加-3脂肪酸可以维持心脏健康，降低血压，减少并预防斑块沉积，治疗心律不齐，降低胆固醇水平。这对一粒小小的种子来说可是有太多益处了！

糖尿病和炎症：研究表明，木脂素似乎能改善血糖水平，但更多研究仍有待确认。目前有充足的数据表明，亚麻籽能缓解炎症，包括哮喘、关节炎和帕金森症。

更年期症状：每天食用两汤匙亚麻籽能使更年期潮热减半，食用一周就能看到显著改善，食用两周就能达到最佳疗效。

亚麻籽不仅能加入植物蛋白粉，还能加入任何菜肴。你可以将它打磨成亚麻籽粉，方便吸收全部的营养成分。

亚麻籽可以加入果昔、燕麦粥、汤、沙拉和辣椒酱等各种食物。不吃鸡蛋的人可以用它代替鸡蛋，做一个"亚麻籽蛋"，1汤匙亚麻籽粉加3汤匙水，会产生类似鸡蛋的胶状混合物。烘焙时也可以加入亚麻籽粉替代等量的面粉（最多能替代一半面粉）。

黑巧克力

如果你非吃巧克力不可，那么越黑的巧克力越好。黑巧克力所含的糖和脂肪更少，可可浓度高，因而抗氧化性更强。黑巧克力对健康有如下的益处：

维生素和矿物质：吃一点黑巧克力，收获身体必需的各种微量元素，包括钾、铁、铜和镁。铜和镁尤为重要，能预防二型糖尿病，抑制高血压，降低心脏病风险。

心脏健康：黑巧克力对心脏和动脉极为有益，不仅能降低血压（吃完巧克力是不是感觉更平静），还能防止血小板聚集，降低血栓风险，在步入老年时预防动脉硬化。

健脑：黑巧克力能促进血液流入脑部，确保身体最佳机能。巧克力中的某些化合物能促进内啡肽的释放，让你感觉平静、放松、愉悦。

抗氧化力：食物的抗氧化力是指 100 克食物的氧自由基吸收能力。这个值越高越好。未加糖的干可可粉和未加糖的可可浆的氧自由基吸收能力值为 50000～55000，普通黑巧克力为 20000，远高于蓝莓（9000），但低于巴西紫莓（102000）。这意味着一小块黑巧克力含有相当高的抗氧化剂，但你不应完全依赖它作为你的抗氧化剂来源。

吃黑巧克力当然不是负担，但应该适量地吃。嘴馋的时候，吃一小块黑巧克力比吃高糖高脂的甜食更健康，与对健康有益的新鲜水果或干果同食更美味。

记住，不是所有的黑巧克力成分都相同，可可含量越高的越健康。

绿叶蔬菜最健康

绿叶蔬菜应当成为你健康饮食的构成基础。近年来好像每个大厨都热爱羽衣甘蓝，这很好，但我强烈建议你把视野放宽，看看菠菜和甘蓝还有哪些不同寻常的亲属。

第二部分　准备就绪

羽衣甘蓝是一种很棒的绿叶蔬菜，你可以经常食用，但它不是唯一有营养的绿叶蔬菜。与其天天吃同样的沙拉和炒菜，为什么不尝试一下别的没吃过的绿叶蔬菜呢？在你的下一顿里加入下面这些美味的绿叶蔬菜吧。

豆瓣菜： 富含抗氧化剂维生素 A 和 C，还富含促进骨骼生长的维生素 K，以及能保护视力和心血管系统的叶黄素和玉米黄质。豆瓣菜可以煮着吃、炒着吃，也可以生吃，替代沙拉中的生菜。

比利时菊苣： 富含维生素 A、维生素 C、叶酸和钙，对孕妇非常有好处。同时富含膳食纤维，能帮助消化，让你更有饱腹感。可以熟食，可以生吃，但它有一点苦味，最好搭配甜味蔬果食用。

瑞士甜菜： 一杯水煮瑞士甜菜包含 636% 的每日维生素 K 摄取量，60% 的每日维生素 A 摄取量，42% 的每日维生素 C 摄取量。瑞士甜菜还富含镁、铜、锰、钾、维生素 E、铁和纤维，真是一种给力的蔬菜！

芥菜叶： 富含维生素 K、维生素 A、维生素 C、铜和锰，能预防癌症，帮助身体排出杂质。为了使芥菜叶的营养价值最大化，可以洗净、切成半英寸①小条，加入柠檬汁混合，静置五分钟，激发酶的活性，然后再进行烹饪。

蒲公英叶： 蒲公英叶是全素食者保证钙和铁充足摄入量的最佳选择。如果你想给身体排毒，也可以选择蒲公英叶，因为它能强肝，富含抗氧化物。春天你可以自己采摘蒲公英叶，或者在健康食品店购买。它有点苦味，最好加在果昔里食用。

芜菁叶和甜菜叶： 富含维生素 K、维生素 A、维生素 C、叶酸、锰和铜，有排毒、抗氧化和抗炎作用。甜菜叶中的纤维很特别，是甜菜和胡萝卜独有的，能预防结肠癌。可以蒸食、烘烤、入汤或做成沙拉。

经常性地改变你绿叶蔬菜的选择，买本地菜，支持本地经济，帮助减少运输过程中的二氧化碳排放量。绿叶蔬菜最健康！

---

① 1英寸约为2.5厘米。

7

植物性饮食革命厨房

一到周末，我们全家人就会一起试验新菜谱。全素酸橙派？试过。核桃玉米饼？试过。西班牙黑豆和红薯？家人的最爱。我的妻子玛丽莲做饭很赞，孩子们也很喜爱植物的味道，对尝试新植物菜谱的热情给我们带来了健康、好习惯和在一起的欢乐时光。

植物性饮食乐趣无穷！现在你也可以来体验植物性饮食的乐趣了！在这一章我要帮你武装好厨房，为植物性饮食革命做好准备，让你逐渐适应植物性饮食，收获健康与好习惯。就像我的家人一样，你将发现吃植物的乐趣，爱上新鲜水果、蔬菜的各种营养，改善你的身体，改变你的人生。

好的计划是成功的关键！实现目标的满足感，跨过终点线的成就感，是人生无与伦比的体验，每个人都想要这种体验。没有人计划要失败，人们只是不善于做计划。预先思考你需要什么食材，使新鲜植物近在手边。你可以做出正确的三餐选择，只要做好计划并努力执行。黄瓜不会自己长腿跑到你家，也不会自己把自己切成薄片！

如果你想跳出肥胖和疾病的怪圈，创造活力新循环，计划和执行是你的制胜法宝。植物性饮食革命不是一夜变瘦的魔术，而是帮你养成可持续健康习惯的路线图。你将发现哪些恶习在损害你的身体，然后用健康的饮食习惯来替代它。你将学会真正地照顾自己，一天天成长为最佳版本的自己。

食品柜"去加工"

在植物性饮食革命中，很多前期准备工作可以助你一臂之力，养成植物性饮食的好习惯。

当务之急，你需要革新你的厨房，去除掉那些诱人的加工食品，免得它们干扰你新习惯的养成。有了健康的植物原料，有了每日的菜单，再加上一些简单明了的革命守则，可持续的成功志在必得。

植物性饮食革命厨房是一个满载新鲜蔬果、有机农产品、有机谷物和有机燕麦的厨房，而不是一个充斥着加工食品、糖类食品以及让你发胖生病食品的厨房。你把厨房改造得越是支持你的新习惯，你就越容易坚持你的新习惯。何谓"快餐"呢？它的最大卖点就是"快"。如果我们不习惯提前计划自己的饮食，总是等到饿了才抓起离自己最近的食物胡吃一通，健康食物不在跟前，一包薯片却近在咫尺，你的意志力肯定瞬间瓦解，吃完薯片，只留下一肚子的不舒服和后悔。

如果你提前就确保家里没有薯片，只有胡萝卜条、芹菜条和一大碗鹰嘴豆泥呢？那你就有既方便又健康的快餐咯！

去除你食品柜里的加工食品相当重要，即使这些加工食品是用植物制成的！詹妮是我的一位客户，她五十多岁，进入更年期后一直在与体重做斗争。年轻时她还觉得保持身材挺容易的，现在倒好，稍不留神体重就增加，想减掉几乎不可能。当我见到她时,她对植物性饮食很好奇,但认为自己坚持不了很久。虽然她提前给我打了"预防针",但我还是很开心她能迈出第一步。在我看来,一旦她体验到了植物性饮食的好处,就会舍不得停下来。

接受挑战的第一天,詹妮就减掉了2磅,这令她欢欣鼓舞!可从第二天开始,她的体重就不降了,甚至还增了1磅。这令她极度沮丧,因为她太想减肥成功了。

她打电话给我,向我报告她的增肥近况以及她的沮丧心情,她说一定是方案有问题,或者是她的体质有问题,"植物性饮食对我这种体质根本没用"。

我耐心听她说完,接着我们一起探讨究竟是怎么回事。我知道植物性饮食适用于每个人、每种体质,詹妮减不了肥,一定有其他原因。我让她试着回忆一下每一天吃了些什么,看能否从中找到她没能减重的症结。

詹妮回顾了她每一天吃的每一顿饭,她意识到有两个问题,一是她吃了太多植物做成的加工食品,二是她吃的量非常大。

用植物做的加工食品还是加工食品!天然食物在加工过程中,纤维被去除,这样你可以吃得更多更快,很容易吃过量。意面也是用植物制成的,可是你每顿三碗意面肯定不能减肥!反过来,不吃加工食品肯定就能减肥了。詹妮知道她哪里做错了,立即改正,不久就减掉了12磅,这可是多年来她怎么减也减不掉的顽固赘肉啊。

一开始你就要扔掉厨房里一切不健康的加工食品,这非常重要。植物性饮食革命的目的在于给予你丰富的植物供你尽情选择,而不是让你将一天时间花在克制你对加工食品的欲望上。

你的食物柜里有些什么?打开柜门,开始阅读标签吧!

杜绝添加糖分:添加糖分只有热量没有任何营养成分,损害你的味蕾,妨碍你品尝大自然赐予你的各种天然味道。扔掉加糖饮料、糖果和巧克力。阅读番茄酱、沙拉酱、花生酱和椒盐饼干的标签，你会惊讶地发现，看似健康的食物竟然偷偷添加了这么多额外的糖分！天然食物含天然糖分，别关注标签上说含多少克糖，要关注原料是什么，如果写着"糖"或"玉米糖浆"，就果断别买！

杜绝人造甜味剂：拒绝无糖汽水和无糖糖果等任何无糖食品。植物性饮食吃的是天然食物，而不是人工合成的食品。

杜绝加工白面粉：扔掉曲奇、松饼粉、蛋糕粉、白面包和纸杯蛋糕。你不需要吃加工面粉，因为全麦面粉含有谷物全部的营养、纤维和麸皮。

杜绝奶制品：拒绝奶酪、奶油和牛奶。我经常告诉我的朋友和客户不要喝牛奶。有那么多无须奶制品就能享受食物的方式，用橄榄油代替黄油，腰果奶酪和杏仁奶更加健康美味。

杜绝肉类：把加工肉类、熟食肉类、热狗、鸡肉、鱼肉和海鲜统统扔掉吧！

不应该出现在食品柜的食物，打包放在大门外，你可以把它们捐了或者扔了。你要明白，扔掉这些食物是一件意义重大的事，因为你做出了有意识的努力，你选择更健康、更好、更明智的生活方式，你选择成为更出色的自己。

有策略地购物

植物性饮食革命的每日菜单全是你的味蕾和你的身体会喜欢的食物。你需要有策略地购物，这是抵挡诱惑的第一道防线。你的厨房里有越多的健康食物，你就越容易拿来吃，你的目标是让新鲜蔬果成为离你最近、最便捷的食物！

用新鲜香草、蔬菜、水果和谷物装满你的购物车，你就采购到了烹饪植物美食的原料，这些植物营养将帮助你的身体打败疾病、使健康最大化。香蕉、胡萝卜、绿豆和草莓让你皮肤光滑、心脏强健、腰围更细。让植物环绕在你身边，在未来的 22 天里，你会拥有你所需的一切来改变你的习惯、改善你的健康、转变你的人生。

1. **带着购物清单采购**。为期三周的饮食革命，每周你都有一张购物清单，详情查看后面的章节。

2. **从外围向中心进军**。首先在外围采购各种蔬菜水果，然后向中心进军采购豆类和全麦谷物等其他食物。如果某些你希望留下好印象的人在偷看，比如前男友、你的偶像或者是我，你的购物车令你感到自豪吗？

3. **吃点饭或吃点零食再购物**。别在饥饿的时候购物！这样只会让你眼馋。吃点零食再去采购，在你的胃很满足的时候，你可以做出最正确的选择，买回一周所需的各种新鲜美味的植物。

4. **食品柜永远都要装满**。为什么非要等到食品柜空了才采购？我希望你在 22 天里有一种拥有一切、万事俱备的感觉。

5. **选择多样性**。水果、蔬菜种类太丰富了，有红色、白色的甜菜，有紫色的萝卜，有粉色的甘薯，有深红色的菊苣，有细长的绿色西兰苔（西蓝花的近亲）……尽可能选择颜色丰富的蔬果，保证各种维生素和矿物质的获取，让你精力充沛每一天！蔬果的多样性和新鲜是维生素、矿物质和植物营养素充足的标志，植物营养素赋予蔬果独特的美味。

杜绝大量采购

你吃的食物是从别的地方运来的，你考虑过这个问题吗？我猜你每周逛一回同样的商店，扫荡同样的货架，带回家同样的食物。你买的大包装食品大多是在几百、几千英里之外加工的，用化学品保存，在卡车、货架上放几个月都不坏。

难怪有这么多人不健康，大多数人其实不喜欢花时间采购食物，而超市就方便多了，去一趟就行。在荧光灯下找到食物，以最快速度买完回家，却没有意识到正是你在超市货架前做出的选择导致了你的饮食计划失败。如果你家里有绿油油的西兰花、漂亮的红番茄和金黄的南瓜，你可以很容易用它们做一顿健康的菜肴，你还需要靠吃曲奇寻找安慰或营养吗？

有一点很关键，新鲜食物不适合大批量采购，除非你买做果昔用的冷冻莓果。大批量采购不健康的加工食品只会摧毁你的减肥计划。想吃糖果棒的时候，用一片水果代替，或者用全麦原料做的蛋白棒代替。正如饮食是一种习惯，采购食物也是一种习惯，对昨天的大批量采购加工食品说不，对今天的采购植物说是。

为什么应该选择有机食物

有机不只是一个时髦词汇。食物生长的方式跟烹饪方式一样，都能影响我们的健康。人造的、化学的、转基因的以及合成的食物不只存在于五颜六色包装的垃圾食品里。当水果、蔬菜等各类植物生长在不负责任的条件下时，农产品质量会受到严重挑战，营养成分也大大下降。当商店里的水果被涂了蜡，苹果看起来那么亮晶晶时，你大概也不敢吃了。

传统的非有机农业使用400多种不同种类的农药，消耗大量能量和灌溉用水，减少土壤养分。非有机食物不能使人体达到真正健康且有副作用。

避免食用含农药高的食物能降低阿尔茨海默病、帕金森症、自闭症和子宫内膜异位症的发病概率。选择食用有机、非转基因农产品，确保你和你的家人饮食健康，免受残留农药的侵害。

法律规定，有机食物在生长过程中不使用人工农药、灭草剂、生长激素、转基因生物或合成化肥。因此，有机食物更有营养，维生素和矿物质含量更丰富，营养成分更高。

虽然美国农业部规定了农药使用标准，商店里出售的水果蔬菜也通常会经过冲洗，但很多水果蔬菜仍然有农药残留。事实上，65%的农产品都有农药残留，其中哪些是残留最严重的呢？

每年，环保工作组会选出12种农药残留最高的农产品，被称为"十二大肮脏蔬果"。

2014年的12大肮脏蔬果依次是：

- 苹果
- 草莓
- 葡萄
- 芹菜
- 桃
- 菠菜
- 甜椒
- 油桃
- 黄瓜
- 小番茄
- 甜豌豆
- 土豆

苹果农药残留排名第一，99%的被测苹果都有某种类型的农药残留。孩子们最爱吃的葡萄，一颗上面就有多达15种农药，家长可要留意了。表皮厚的农产品农药残留较少，比如菠萝、芒果和茄子。如果买不到或买不起完全不含农药的蔬果，选择排名靠后的也是一种权宜之计。如果你不得不购买这份名单上的植物，一定要彻底洗净或削皮后再吃。

除了新鲜水果和蔬菜，别忘了用这些肮脏蔬果制成的加工食品。苹果就能制成苹果汁和水果零食，选择用有机农产品制成的加工食品能为你和你的家人降低农药食入量。

如果你在商店里找不到新鲜的有机农产品，冷冻的有机农产品也是不错的选择，冷冻有机草莓和桃很容易找到。

植物性饮食很棒，但更棒的是有机植物性饮食，为了你的健康，为了地球母亲的健康，选择有机植物！

集市、超市、农贸市场以及社区支持农业项目

你在哪儿购买农产品？如果你想尝试一下新口味和新鲜植物，购买途径有很多。

1. **用好超市之"超"**。即使你一直都在同一家超市买菜，我敢打赌还有好多蔬菜水果你从没买过，因为它们很陌生，因为你以为你不会喜欢吃它们，因为你不知道该怎么烹饪它们。下次逛超市的时候，买一种你从没买过的蔬菜水果，搜索一下如何烹饪它。扩展你对可食植物的认知有助于你的饮食革命持续到第二十三天及以后。

2. **逛本地农贸市场**。农贸市场到处都有，方便你买到应季的本地农产品。每周和家人一起逛逛农贸市场，是一项家人可以共同学习和体验的有趣活动。如果你看到什么不认识的农产品，只管开口问！卖菜的人应该能告诉你如何烹饪它。

3. **加入社区支持农业项目**。社区支持农业项目是参与本地农业的一种极佳方式，你可以和当地的农产品种植者对接起来，买到新鲜的本地农产品，同时支持社区经济和农业发展。社区支持农业项目在夏季十分兴隆，因为夏天是蔬果丰收的季节。

深度解析社区支持农业项目

农业是一个风险很大、挑战性很高的行业，绝大部分收入来源于有限的那几个月。社区支持农业项目是指你和一个本地种植者签订一份合同，你提供给他收入，他提供给你部分农产品收成。可谓是各取所需，你得到了新鲜蔬果，种植者得到了稳定的收入来源。

具体做法

你支付一笔钱后，种植者会每周给你送来农产品，或者你也可以自己取。根据支付金额的不同，你会收到小号、中号或大号包装的新鲜农产品。你也可以在某种程度上量身定制你的蔬果种类，囊括或去除特定蔬果。

社区支持农业项目和一般的"蔬果寄送"服务有何不同呢？社区支持农业项目的关键是你预先购买了农产品收成的一份额，而不是仅仅付钱买菜。

优势何在

少数人可以每周光顾农贸市场，大多数人并没有这样的条件。参与社区支持农业项目可以带给你每年 8 周至 10 周的新鲜蔬果（或者更多，取决于你住在什么地方），你可以绕过中介直接支持本地种植者。除此以外，这也有利于降低二氧化碳排放量，因为你的蔬果无须远距离运输。如果你能找到一家有机项目，你就能吃到不含杀虫剂等有害化学物质的农产品了。

每个社区支持农业项目都不一样，先咨询好再入会。也许你希望它能送菜上门，或者它有个附近的取菜点，方便你取菜。此外，每个农场提供的农产品种类也各不相同，寻找一家适合你口味的农场。

还需要买什么

购物车里装满水果蔬菜后，购物还没结束哦！

罐装食品和豆类

- 这些食品可以做成辣酱、汤、咖喱和酱汁等，建议购买罐装豆类、干豆类、番茄酱、罐装番茄、蔬菜汤、椰奶、辣椒酱和南瓜泥。选择不含双酚 A 的罐子或玻璃罐。

种子和坚果

饭菜中添加种子和坚果能大大提升蛋白质和微量元素含量，建议购买奇亚籽、亚麻籽、核桃、南瓜籽、腰果和杏仁。种子和坚果不会永远保持新鲜，记得定期更换存货，避免变质，或者开袋后放入冰箱冷藏。

干的香料和香草

香料和香草不仅增添食物韵味，还富含必需微量营养素。虽然新鲜香草是首选，但准备一些干的香草在手边更方便，香草让你的全素食物更加香气四溢。甜味菜肴建议尝试肉桂、姜、香草精，甚至来点辣椒粉。其他香料推荐百里香、牛至、罗勒、孜然、姜黄和香菜等。

佐料

佐料用处太多了，可以做酱汁、甜味剂、增稠剂和腌泡汁。建议买龙舌兰、杏仁黄油、红咖喱酱、芝麻酱、椰子酱油、芥末和营养酵母。我最爱吃的酱汁是用芝麻酱和柠檬汁做的。

谷物

健康的全麦谷物是很棒的主食或配菜，提供人体蛋白质和碳水化合物。三餐都需要用到的谷物有：糙米、藜麦、无麸燕麦、玉米饼、小米和爆米花麦片。意大利面避免买小麦粉做的，选择藜麦、糙米或无麸面粉做的。

油和醋

和佐料类似，油和醋能使一道平凡的菜肴变得不平凡。做一点油醋汁和腌泡汁，炒菜也用得着。建议买特级初榨橄榄油、椰子油、意大利香醋和苹果醋，你也可以尝试其他种类的油和醋，当然别忘了，用油要适量。

干果和巧克力

干果是沙拉和甜点的绝佳配料，而谁不想偶尔吃一口黑巧克力呢？在本书最后的植物性饮食革命食谱里有一道甜点是玛丽莲的迷你巧克力豆松糕。枣和其他干果可以用作果昔和烘焙食物的甜味剂，就无须用糖了。

饮品

健康的生活方式中，水将是你最重要的饮品，但其他种类的饮品也不可或缺。做果昔或燕麦粥，需要用到高品质的杏仁奶或其他坚果奶。椰子水不仅能做果昔配料，还能在锻炼后补充电解质。

向着成功起航

你准备好了吗？让我们出发吧！你已经决定要改变习惯，你已经懂得植物性饮食的巨大价值，你已经学会如何打理厨房和食物储藏室，目标已设定完毕，购物清单和食谱在手，你的植物性饮食革命方案已成竹在胸。

每一次去购物，每一次进入食物储藏室，你都要有意识，要觉知，不要陷入旧习惯，做一个全新健康习惯的创造者！

8

植物性饮食革命每周购物清单

　　准备好采购好吃的水果蔬菜了吗？准备好学做新菜式了吗？健康植物性饮食的关键在于多样性！加入植物性饮食革命之前，你也许只知道吃菠菜和甘蓝，这两种蔬菜很不错，我也爱吃甘蓝沙拉，但当你感受了植物性饮食革命的多样菜品，你将爱上那些奇异新鲜的蔬菜、谷物和豆类，它们的创意组合将震撼你的味蕾！

　　随着你的习惯改变，你将爱上绿色、红色、橙色和黄色的蔬果，你开始懂得欣赏四季不同的果实，在不同的季节吃不同的植物。植物性饮食革命绝不是匮乏，匮乏是没用的，是不可持续的。挑战你的味蕾，尝试不同种类的南瓜、苹果、莓果和绿叶蔬菜，享受四季丰富的色彩和风味，收获新鲜植物性饮食带给你的健康吧！

厨房必备

植物性饮食革命厨房需要以下装备：

- 量匙和量杯
- 搅拌机
- 螺旋切片机
- 寿司竹帘

第一周的购物清单

新鲜应季的水果和蔬菜是一道美味全素餐的灵魂，主食的加盟使得新鲜的农产品变成一道令人满足的佳肴。这周你将储备面粉、谷物、油、醋、坚果、新鲜水果和蔬菜。

食品柜主食
- ● 面粉
- ○ 杏仁粉
- ○ 小苏打
- ○ 糙米粉
- ○ 无麸燕麦粉
- ○ 木薯粉
- ● 油、醋、酱油
- ○ 苹果醋
- ○ 意大利香醋
- ○ 椰子酱油
- ○ 椰子油
- ○ 特级初榨橄榄油

○ 高温的红花籽油（或芥花籽油）
- ● 香料、调味料
- ○ 罗勒叶（或干罗勒片）
- ○ 黑胡椒粉
- ○ 辣椒粉
- ○ 肉桂
- ○ 香菜
- ○ 孜然
- ○ 咖喱
- ○ 蒜粉
- ○ 姜
- ○ 马达加斯加香草精
- ○ 甜椒粉

○ 干欧芹片
- ○ 海盐
- ○ 姜黄粉
- ● 佐料
- ○ 苹果酱
- ○ 洋蓟芯
- ○ 芥花籽油蛋黄酱
- ○ 刺山柑
- ○ 黑橄榄
- ○ 枫糖浆
- ○ 紫菜片
- ○ 去核枣
- ○ 全素巧克力片

第一周
- ● 谷物、豆类
- ○ 鱼子酱型小扁豆
- ○ 黑豆

- ○ 短粒糙米
- ○ 鹰嘴豆
- ○ 绿扁豆
- ○ 藜麦

- ○ 快熟燕麦片
- ○ 全素无麸面包
- ● 农产品
- ○ 香蕉

- ○ 新鲜蓝莓
- ○ 西兰花
- ○ 胡萝卜
- ○ 白菜花
- ○ 切好的芹菜
- ○ 2根黄瓜
- ○ 1个茄子
- ○ 新鲜水果
- ○ 大蒜
- ○ 3个青苹果
- ○ 3包小番茄
- ○ 1个葡萄柚
- ○ 绿葡萄
- ○ 7个鳄梨

- ○ 墨西哥哈拉贝纽辣椒
- ○ 豆薯
- ○ 甘蓝
- ○ 6个柠檬
- ○ 3个酸橙
- ○ 2个洋葱
- ○ 2个橙子
- ○ 红椒
- ○ 长叶生菜
- ○ 红葱头
- ○ 菠菜
- ○ 1个红薯
- ○ 2个大番茄
- ○ 西葫芦

- ● 种子、坚果、干果、坚果奶
- ○ 杏仁黄油或葵花黄油
- ○ 生的无盐腰果
- ○ 2杯奇亚籽
- ○ 磨碎的亚麻籽
- ○ 生的无盐坚果
- ○ 松仁
- ○ 芝麻籽
- ○ 芝麻酱
- ○ 核桃
- ○ 杏仁奶
- ○ 椰奶

第二周的购物清单

上周你的食品柜已经装满了油、醋、香料和调料,这周你要再添更多谷物、豆类、水果和蔬菜,祝你烹饪愉快!

- ● 谷物、豆类
- ○ 黑豆
- ○ 短粒糙米
- ○ 黑扁豆
- ○ 斑豆
- ○ 藜麦
- ● 农产品
- ○ 1个苹果
- ○ 2个梨
- ○ 鲜罗勒叶

- ○ 2个甜菜
- ○ 冷冻蓝莓
- ○ 西兰花
- ○ 胡萝卜
- ○ 白菜花
- ○ 芹菜
- ○ 2包小番茄
- ○ 干蔓越莓
- ○ 4根黄瓜
- ○ 茴香

- ○ 1个富士苹果
- ○ 大蒜
- ○ 姜
- ○ 去核的青苹果
- ○ 葡萄
- ○ 6个鳄梨
- ○ 卷心生菜
- ○ 甘蓝
- ○ 3个柠檬
- ○ 4个酸橙

○ 洋葱
○ 橙子
○ 新鲜欧芹
○ 2 个甜椒
○ 1 棵长叶生菜
○ 青葱
○ 菠菜
○ 1 个甜洋葱

○ 1 个红薯
○ 8 个大番茄
● 种子、坚果
○ 杏仁
○ 腰果
○ 葵花籽
● 调味料
○ 传统芥末

● 其他
○ 杏仁奶
○ 椰奶
○ 无麸燕麦
○ 罐装的棕榈芯
○ 1 盒意大利扁面条（最好是无麸的）

 **第三周的购物清单**

现在你应该已经习惯了购买葛根粉、藜麦和满满一推车的农产品了吧。像这样有意识地带着目的购物，知道自己在做对自己有益的事情，感觉很不错吧？不需要我告诉你，你自己就知道。

● 谷物、豆类
○ 黑豆
○ 糙米
○ 袋装的生鹰嘴豆
○ 罐装鹰嘴豆
○ 绿扁豆
○ 扁豆
○ 袋装的鱼子酱型小扁豆
○ 藜麦
● 农产品
○ 小盒的苜蓿芽
○ 1 串香蕉
○ 切碎的罗勒叶或少许罗勒干
○ 1 棵西兰花
○ 1 袋胡萝卜

○ 1 棵白菜花
○ 1 捆芹菜
○ 3 包小番茄
○ 6 根黄瓜
○ 1~2 个大茄子
○ 茴香
○ 大蒜瓣
○ 姜粉
○ 2 个青苹果
○ 7 个鳄梨
○ 2 个小墨西哥哈拉贝纽辣椒
○ 甘蓝
○ 3 个柠檬
○ 6 个酸橙
○ 洋葱

○ 欧芹
○ 5 个甜椒（中等大小，任何品种）
○ 菠萝
○ 长叶生菜
○ 青葱
○ 红葱头
○ 1 捆菠菜
○ 1 个大红薯
○ 8 个大番茄
○ 姜黄
○ 1 个大西葫芦
● 种子、坚果
○ 1 杯生腰果
○ 亚麻籽粉

第二部分　准备就绪

○ 葵花黄油	○ 苹果酱	○ 枣
○ 生的无盐核桃	○ 刺山柑	○ 棕榈芯
● 其他	○ 1罐椰奶	○ 鹰嘴豆泥
○ 香草味的杏仁奶	○ 蔓越莓干	○ 1盒无麸的意大利扁面条

第三部分

出发吧!

植物性饮食革命计划

9

第一周：培养成功的饮食习惯

开始旅行咯！培养新的饮食习惯就像开始一场旅行，你可以计划，可以想象，可以为之采购，但旅行的体验需要你自己去发现，个人旅行的乐趣也正在于此。这是属于你的植物性饮食革命，属于你的酸甜苦辣，属于你的挑战，你只有依赖自己的内心力量才能成功完成使命。

我在这儿告诉你，你可以成功！你可以战胜那些阻碍你减肥、阻碍你健康有活力的坏习惯。开动一切策略，让自己投入植物性饮食革命，一旦上路，一旦你尝到新鲜蔬果的美味，接下来的旅程就会越来越容易。

但在某一个时刻，你又会觉得好难，这就是生活！节食不是发生在太空中。当然，你可以逃到一个与世隔绝的地方，让专人为你准备食物，或者你可以去参加为期半年的电视减肥秀，但你总会回家，回到那个老习惯默默等待你的地方。

未来三周里，专注于每一天的功课，坚持用有意识的选择建立新的神经连接，形成积极的习惯。令人垂涎的植物美食会让你心情大好，丰富的维生素和矿物质让你身体受益，你的精力更旺盛，睡得更香，一点点变成最佳版本的自己。

植物性饮食革命需要你做计划，需要你亲自下厨。你将学到制作健康、美味植物的秘诀，让植物性饮食成为你全家今后的餐桌常客。你应当全力以赴跟进植物性饮食革命计划。植物性饮食革命菜单将提供给你均衡的植物营养素，但在革命期间，忙碌的生活会侵入进来，你会不得不外出就餐，所以我强烈建议你为这一重要旅程留出时间，专心履行植物性饮食革命。

实在没时间亲自下厨，必须外出就餐时，提前做好准备，在网上查看餐厅菜单，选择最接近于植物性饮食革命当日菜单的菜肴。周末提前为下一周做准备。不知道该吃什么时，选择沙拉配烤蔬菜和坚果，或者炒菜配藜麦。时间很紧时，弄几样蔬菜配菜作为主食。

植物性饮食革命菜单很少有重复的，因为多样性是做饭、吃饭的乐趣之一。但是如果你发现你特别爱吃某个菜，也容易做，或者你的家人爱吃，你当然可以经常做来吃。晚餐可以稍微做多些，留作第二天的午餐。让植物性饮食革命为你所用！不过晚餐别吃太多碳水化合物含量丰富的豆类和谷物（比如藜麦），否则很难减肥哦。

能量食物很重要，它们构成了植物性饮食革命的基础。能量食物是地球上最健康、最有营养的食物，菜单里带"▲"记号的就是能量食物。

随着一天天过去，积极的新习惯将逐渐占据你，取代拖你后腿的旧习惯。经历植物性饮食革命之后，无论你在哪里，在家、在度假、在派对或在餐厅，你都将拥有正确的直觉来做出健康的选择！

第一天

充满力量的感觉

欢迎来到第一天,开启你最美生命的第一天。当你清晨醒来,我希望你有一种新鲜探险的感觉。今后的日子将是令人兴奋的,充满挑战的,百分百值得你去努力。从今天起你做的每个选择,都拥有改变你整个生命的力量。

记住,你不需要身材完美也能收获锻炼的好处。你知道吗?走一英里和跑一英里消耗的热量几乎一样多。你不需要走得快、跑得快,你只需要上路。

让锻炼成为你的习惯,学习这本书里的锻炼动作,不管在哪里都能做一做。沿着人行道跑一跑,让新陈代谢加速起来。锻炼是植物性饮食的完美搭档,因为正如我们所知的,植物性饮食已经将新陈代谢速度提高了不少,一锻炼就又提高了不少。这不正是你想要的效果吗?彻底革新你的身体,提升你的活力水平,建立那些使你每天都充满力量的习惯。

1 第一天的菜单

早餐：香蕉蓝莓燕麦粥

香蕉的钾含量高，有益心脏，固醇成分有益于你的胆固醇水平，纤维成分可以降低心脏病风险。香蕉是耐力运动员的最佳选择，富含维生素和矿物质，携带方便又美味。2012 年的一项研究发现，每 15 分钟吃半根香蕉可以给长距离自行车手提供跟喝运动饮料一样的能量。

原料：

1 杯杏仁奶（或其他不含牛奶的替代品）
半杯快熟燕麦片（钢切燕麦煮的时间较长）
1 根香蕉
半杯新鲜蓝莓

1. 锅里放入燕麦片、杏仁奶，高温煮。
2. 边搅拌边炖，直到变稠。
3. 倒入碗里，放入切片的香蕉、蓝莓。

午餐：藜麦扁豆沙拉

有了能量食物藜麦和扁豆，这样的沙拉只吃一份就能给你充足的蛋白质、纤维、叶酸和铁，当然也超级美味啦。

原料：

▲ 1 杯藜麦
1 杯扁豆
半茶匙① 细海盐

---

① 1 茶匙约为 5ml。

第一天的菜单

1 汤匙孜然
1 汤匙香菜
1 根大胡萝卜
少许黑胡椒粉
少许菠菜

1. 用细筛子冲洗 1 杯藜麦，滤干，放入中型锅。
2. 加入 2 杯水、少许盐，炖煮，直到水被藜麦吸收，变得松软（15~20 分钟）。
3. 扁豆洗净，放入另一个中型锅。
4. 加入 2 杯水、1 汤匙孜然、1 汤匙香菜、1 根大胡萝卜切丁、少许黑胡椒粉。
5. 炖煮 20~30 分钟，适时加水，使扁豆刚好浸在水中。
6. 盘底铺一层菠菜，盛上藜麦，浇上扁豆，大功告成！

晚餐：生核桃卷

使用任意坚果组合，创造你的最爱！

馅料：

2 杯核桃
2 棵长叶生菜
1.5 汤匙孜然
1 汤匙香菜
2 汤匙意大利香醋
1 汤匙椰子酱油
少许甜椒粉
少许蒜粉
少许黑胡椒粉

配菜：

2 个鳄梨

1 第一天的菜单

半品脱[①]小番茄
半汤匙干欧芹片
少许黑胡椒粉
少许海盐
1 个酸橙

1. 用滤锅冲洗生菜、番茄,滤干,放置一边。

2. 将所有馅料放入搅拌机。

3. 搅拌数次,直到搅碎又不要太碎。

4. 将馅料分成 4 份,放在生菜叶上。

5. 番茄切半。

6. 鳄梨切半,去核,去皮,切成小片。

7. 将切片的鳄梨、番茄、欧芹、黑胡椒粉、海盐、酸橙汁放在生菜叶上。

锻　炼

◎有氧运动:做 30 ~ 45 分钟任意的有氧运动(可以从第十四章选择),再做 10 ~ 15 分钟伸展运动。

---

① 1 品脱约为 500 毫升。

第二天

坚信自己值得拥有

　　改变不易，当你开始培养健康的习惯时，当你开始朝着最好最美的自己迈进时，一定会出现那么一些时刻，你好想退回到上周的习惯里去。我想提醒你，你是值得的，值得付出这般努力，值得经历这些辛苦，值得收获最好最美的自己。

　　给你自己同样的尊重、关心和体贴，就像对待周围的人一样。你是宝贵的，你是有价值的，你值得过上最好的生活。所以善待自己，用最好的食物喂养自己。

　　当你感觉自己是完整的、被爱着的，当你每天都用最好的食物滋养自己时，你的状态会改变，你会觉得好满足、好有力量、好性感。

第二天的菜单

早餐：瘦身蔬果汁

把以下所有原料放入搅拌机搅拌均匀：

4 片羽衣甘蓝
少许菠菜
2 个去核的青苹果
1 个削皮的柠檬
2 个去核的枣
1 根冷冻的香蕉

午餐：西班牙黑豆浇红薯

这道午餐营养丰盛，有丰富的抗氧化剂、蛋白质和纤维。红薯原产于南美洲，16 世纪克里斯托弗·哥伦布把它带到欧洲。你见过一种牵牛花，形状像喇叭，花朵是紫色的吗？红薯是牵牛花家族中的一种。牵牛花有各种颜色，红薯也有各种颜色，有黄色的、橘色的、深橘色的、白色的和紫色的。但它们都很甘甜，口味醇厚，让这道西班牙黑豆浇红薯鲜香四溢。

原料：

1 个红薯
1 杯黑豆
半个小洋葱切丁
1 瓣大蒜切丁
少许盐
半茶匙牛至
1 茶匙孜然
1.5 汤匙意大利香醋
少许黑胡椒粉

第二天的菜单

1. 黑豆浸泡一夜。冲洗，滤干。
2. 将黑豆放入中型锅，加入 4 杯水、洋葱、大蒜、牛至、孜然，煮开，然后小火炖煮 45 分钟。
3. 等黑豆变软，加入醋、盐、黑胡椒粉。
4. 烤箱预热到 230℃。
5. 用流水冲洗红薯，滤干。
6. 红薯戳若干小孔，放在烘焙纸上。
7. 红薯放入烤箱 30 分钟，翻面，再烤 20 分钟。
8. 从烤箱中取出，冷却片刻，切半，装盘。
9. 盛上黑豆，装饰以番茄、鳄梨。

晚餐：洋蓟、番茄、鳄梨沙拉

滑软的鳄梨、清爽的番茄和卤过的洋蓟构成一道均衡美味的沙拉。番茄一词起源于阿兹特克语 "tomatl"，意思是圆胖的水果。番茄的确属于水果，虽然很多人把它当作蔬菜。番茄最初生长于南美洲，在墨西哥成为栽培作物，后来才被引进到欧洲，从此风靡全球。番茄中的水杨酸盐能预防心脏病和癌症。沙拉中的柠檬汁既健康又口味清新。柠檬功能强大，能治疗坏血病、普通感冒、流感、肾结石、消化不良、疼痛和肿胀，这都归功于柠檬中的生物黄酮素，它是一种抗氧化剂。柠檬和酸橙含柠檬苦素类化合物，能抵抗口部、皮肤、肺部、胸部、结肠的癌症。

原料：

1 盒小番茄

1 个鳄梨

2 第二天的菜单

1 罐洋蓟芯（不含双酚 A）
1 个柠檬
2 汤匙黑橄榄
少许甜椒粉

1. 小番茄切成 4 半，洋蓟切碎，鳄梨去皮切块，放入混合碗里。

2. 加入橄榄、柠檬汁，摇匀。

3. 盛盘，撒少许甜椒粉。

锻　炼

◎阻力训练：完成第 196 页的阻力训练项目。

第三天

坚持一天吃三顿饭

你好,第三天。我希望这周的锻炼和营养让你兴奋、步伐欢快,不要无意识地乱吃零食,坚持一天吃三顿饭。乱吃零食的后果是,你都不知道自己究竟吃了什么。

有太多人告诉我他们无法理解自己为什么减不了肥,他们会这样说:"我早餐一般吃一个蛋清,午餐是一份沙拉,十次有九次我不吃晚餐。"这可能吗?可能。因为他们一整天都在吃却毫无印象,他们的注意力只放在低热量的三餐,一旦吃完了三餐,他们一天的其余时间就无意识地吃点这个、吃点那个,却从不将这些食物计算在内。

学习任何东西都有一个学习曲线,别着急,现在你在学着适应一天只吃三顿饭,真的真的很饿的时候吃一份零食。

今天和未来你想成功节食吗?提前计划好你的一日三餐吧!

3 第三天的菜单

早餐：奇亚籽布丁（两份，留一份明天吃！）

原料：

半杯奇亚籽

2 杯杏仁奶

1 茶匙肉桂粉

1 茶匙马达加斯加香草精

1 汤匙枫糖浆

1. 将所有原料放入搅拌机，搅拌 1 分钟。

2. 倒入玻璃瓶，盖上瓶盖，冰箱冷藏一夜。

3. 搅匀，盛入碗中。

4. 放一些水果、种子、坚果在上面。

午餐：扁豆汤配鳄梨和番茄

不必非要等阴冷的午后才去喝一碗暖身暖心的扁豆汤，用鳄梨和番茄做配菜会让你怦然心动哦。

扁豆汤原料：

1.5 杯干绿扁豆

6 杯水

1 汤匙耐高温的红花籽油或芥花籽油

半个洋葱切碎

1/4 茶匙大蒜切碎

半汤匙孜然

半茶匙香菜

1/4 茶匙姜黄

半茶匙海盐

3 第三天的菜单

少许辣椒粉

配菜：

2 个鳄梨切丁
3 个小番茄切丁
半个柠檬榨汁
半茶匙欧芹切碎
少许海盐

1. 将所有配菜原料混合在一个碗里，放在一旁，同时准备扁豆汤。

2. 用滤锅冲洗扁豆，去掉小石子。

3. 在炖锅里用中温加热红花籽油，加入洋葱、大蒜、少许盐，适度搅拌至洋葱透亮。

4. 加入其他汤原料，煮沸。

5. 盖上盖子炖煮 45 分钟。

6. 偶尔搅拌，避免烧糊粘锅。

7. 等到扁豆变软变稠，盛碗，放上配菜。（约 4 人份）

晚餐：白菜花沙拉

烘烤的白菜花配上松仁和葡萄，让这道沙拉意想不到地好吃。葡萄富含植物营养素，有益心血管健康，增强免疫力，调节血糖。

原料：

1 棵中等大小的白菜花
1 个柠檬榨汁
少许盐
少许黑胡椒粉

3 第三天的菜单

2 汤匙松仁
半杯葡萄切半

1. 烤箱预热到 150℃。

2. 将白菜花等所有原料混合。

3. 放在烘焙纸上，烘烤 15～30 分钟。

锻　炼

◎有氧运动：做 30～45 分钟任意的有氧运动（可以从第十四章选择），再做 10～15 分钟伸展运动。

第四天

给你的食物应有的关注

到今天你已经吃了几天植物，已经适应了这种饮食方式，我建议你仔细观察一下你是如何吃饭的。你的吃饭习惯是怎样的？你是站在冰箱前，一只手在冰箱里摸索食物，另一只手往嘴里喂吗？你是边看电视边吃，边读书边吃吗？你是边打电话边吃，边走路边吃，坐在车里吃吗？

今天，我希望你给予你的食物应有的关注。你很用心地准备了这些美食，所以请花一些时间真正去享受它，给自己一个机会去发现并爱上吃饭后心满意足但不过饱的感觉。

今天以及今后的每一天，与你的食物同在，给它应有的关注。吃饭的时候好好坐下来吃，坐在饭桌前，用一个像样的盘子，铺上餐巾，放点安静的音乐，找一个安静舒适的角落坐下来好好放松，或者找些好朋友热热闹闹地吃。

植物性饮食革命不是要你拒绝吃饭的快乐，而是要你精心培育这种快乐，使你在吃饭时和吃饭后都身心愉悦。

4 第四天的菜单

早餐：奇亚籽布丁

享用昨天做好的美食吧！

午餐：薄脆比萨

植物性饮食革命计划也能吃比萨哦！既能满足你吃比萨的欲望，又能继续你的健康饮食革命。周末或前一天晚上做好，就是第二天的完美工作餐啦！享用前撒点洋葱和甜椒更够味！

饼皮原料：

3/4 杯糙米粉
半杯木薯粉
1/3 杯水
1 茶匙橄榄油
半茶匙海盐

饼顶配料：

2 个中等熟度的番茄
半个鳄梨
2 片新鲜罗勒叶切碎（或 1 茶匙干罗勒叶片）
少许黑胡椒粉

全素马苏里拉奶酪原料：

▲ 半杯浸泡的生腰果
1 杯水
1 汤匙木薯粉
1 茶匙柠檬汁
1 茶匙苹果醋
半茶匙海盐

第四天的菜单

1. 将所有奶酪原料放入高速搅拌机,搅拌至均匀细腻。在炖锅里中火加热奶酪,不时地搅拌。小火继续搅拌,避免烧糊。变稠后,关火冷却,放在一旁,同时准备其他原料。可以在冰箱里冷藏 5~7 天。

2. 烤箱预热到 180℃。在烤盘或比萨石上抹一层油,撒些糙米粉。

3. 在混合碗里将面粉和盐混合搅拌。

4. 面粉中央挖一个坑,倒入水、油,用勺搅拌。如有必要,一次加入 1 汤匙水,直到面团和匀。

5. 把面团舀到烤盘或比萨石上,用手压扁成正方形或长方形。手指沾水后抹平滑,预烘烤 20~25 分钟。

6. 冲洗番茄,切成 3 个厚片。

7. 将比萨饼皮取出,上面放上 6 片番茄、鳄梨片、全素奶酪、罗勒叶。

8. 再烘烤 15~20 分钟直到略微变脆。

9. 取出,撒少许黑胡椒粉,切成 6 块,盛盘!(2 人份)

晚餐:西葫芦、胡萝卜、黄瓜沙拉

尝一口,你就会同意西葫芦和黄瓜是绝配。胡萝卜的加盟增添了好看的色彩,芝麻酱调料让你停不下嘴,还能补钙哦!

原料:

1 个西葫芦

1 根胡萝卜

1 根黄瓜

1 汤匙芝麻酱

3 汤匙柠檬汁

少许海盐

少许芝麻

4 第四天的菜单

1. 西葫芦、胡萝卜、黄瓜切成薄片。

2. 芝麻酱、柠檬汁、海盐搅匀。

3. 在混合碗里混合蔬菜和调料。

4. 盛盘,撒些芝麻。

锻　炼

◎阻力训练:完成第196页的阻力训练项目。

第五天

重新发现什么是满足

如果你想要革命成功,如果你现在吃的和以前吃的非常不同,你一定会有一段时期的适应过程,适应这种不过饱的感觉。你可能觉得饿,但如果你的食量是正确的,那你的感觉并不是真饿,而是一种满足感。

节制是享受的一部分!

有多少次吃完饭后你的肚子快要撑破了,裤带绷得紧紧的,想倒头就睡?这种吃撑的感觉是使人发胖的根源。刚好吃够的感觉才是你应该拥有的感觉。

5 第五天的菜单

早餐：藜麦粥

这道早餐给你能量和满足感，这正是你从早餐中渴望得到的。发挥你的创意，配上各种新鲜水果、种子和坚果享用吧！

原料：

▲ 1 杯藜麦
2 杯杏仁奶
1/4 茶匙马达加斯加香草精
少许肉桂
▲ 1 汤匙亚麻籽粉
1 茶匙枫糖浆

1. 在锅里混合藜麦、杏仁奶、肉桂和香草精。
2. 煮沸，转小火炖煮。
3. 当藜麦变软，盛到碗里，撒些亚麻籽粉，滴些枫糖浆。

午餐：全素寿司卷

在我家，每当玛丽莲拿出海苔片和寿司竹帘时，我就会瞬间变成馋猫。与其去饭店，不如在自家厨房制作寿司，会更有乐趣！听起来很难吗？真不难。去一家当地的寿司饭店，坐在吧台，点一份素寿司卷看看吧。一旦你亲眼看见它的做法，你就知道有多简单了，回家试着自己做吧！

寿司卷可以用任何你喜欢的食物来做。你可以随意替换原料中的蔬菜，换成你爱吃的。还有一种全素寿司卷也很美味，原料是糙米、鳄梨、豆薯切片、菠菜和胡萝卜，最后撒一点芝麻，切成 6～8 小块，每小块上加一茶匙鹰嘴豆泥和一颗咸腰果。每一口都满口溢香，甚至不需要蘸酱油！

第五天的菜单

原料:

1 杯煮熟的短粒糙米
半个鳄梨切成两片
3 汤匙生的西兰花,用搅拌机搅碎
2 汤匙生的白菜花,用搅拌机搅碎
▲ 2 汤匙腰果压碎
1 汤匙芥花油蛋黄酱
少许芝麻
1 个海苔片
寿司竹帘

1. 用保鲜膜覆盖竹帘。

2. 将海苔片糙面朝上。

3. 手沾水,将糙米放在海苔片中央,均匀地压平糙米。

4. 将海苔片翻过来,把切片的鳄梨、西兰花、白菜花、蛋黄酱和腰果放在海苔片中央。

5. 开始卷竹帘,卷紧。

6. 撒一些芝麻,用沾水的刀把卷切成 6~8 小块,大功告成!

晚餐:烤茄子和碎番茄粒

如果你爱吃茄子,你就一定爱吃这道菜。烤茄子配上滑腻、香辣的碎番茄粒,想想就馋。烤茄子的香味,香料、洋葱和大蒜的香味,简直此味只应天上有啊!欧芹含有挥发油成分,如肉豆蔻醚、柠檬烯、丁香油酚和 α-侧柏烯。在动物研究中,肉豆蔻醚被证明能抑制肿瘤生长。欧芹的挥发油成分使它成为一种防癌食物,保护你免受香烟等致癌物之害。洋葱可以减缓骨骼的钙流失。茄子富含酚类化合物,酚是一种抗氧化剂。茄子还有益心脏,对

第五天的菜单

抗自由基。快试试我妻子玛丽莲的烤茄子和碎番茄粒吧,你会发现你从没吃过这么好吃的食物!(每次在家里吃到,我都觉得自己好幸运。)

烤茄子的原料:

　　1个大茄子
　　4汤匙橄榄油(用来刷茄子)
　　少许海盐

碎番茄粒的原料:

　　1个鳄梨去皮、去核、切丁
　　2个中等大小的番茄切丁
　　1个小洋葱切碎
　　半个墨西哥哈拉贝纽辣椒去籽、切碎
　　2个酸橙榨汁
　　1瓣大蒜切碎
　　1/4杯欧芹(或香菜)切碎
　　少许黑胡椒粉
　　少许海盐

1. 烤箱预热到230℃。

2. 冲洗茄子,去皮,切成半英寸大小的圆片。

3. 每片茄子双面都刷一点橄榄油,撒一点海盐。

4. 放在烤盘上,放入烤箱,每面各烤8~10分钟。

5. 在混合碗里混合所有碎番茄粒的原料,轻轻摇匀。

6. 当茄子烤好,盛在盘里,每片茄子上放一些碎番茄粒,尽情享用吧!

锻　炼

　　◎有氧运动:做30~45分钟任意的有氧运动(可以从第十四章选择),再做10~15分钟伸展运动。

第六天

让自己置身于容易成功的场景中

如果你跟大多数人一样,有些场景会自动触发你的馋念——去了糖果店就想吃糖果,路过面包店就想吃点心,在冰激凌店就想吃圣代——最简单的拒绝方式是趁早别靠近这些场所。

什么是你的软肋?在哪种场景你会意志力下降、缴械投降?

应对挑战的第一步是意识到自己的软肋。如果你发现自己身处一种极其考验你意志力的场景中,你需要好好分析一下,做好迎接下一个诱惑场景出现的准备,因为下一个一定会出现,还会出现得很快!如果你还不擅长说不,那可要小心了,离甜品店远一点!别把自己陷于易受诱惑的场景,别让别人左右你的选择。

有意识地让自己置身于容易成功的场景中。

第六天的菜单

早餐：羽衣甘蓝瘦身汁

羽衣甘蓝富含抗氧化维生素A和C，苹果能降低心脏病风险，降低胆固醇，调节血糖，控制食欲。

将所有原料放入搅拌机搅拌均匀：

4片羽衣甘蓝
1根黄瓜
1个去核的青苹果
1杯绿葡萄

午餐：咖喱蔬菜

这道咖喱蔬菜你值得拥有。西兰花营养丰富，富含蛋白质、膳食纤维、钙、铁、维生素C、叶酸和钾等。白菜花也富含钾、纤维和叶酸，使你身体健康。它还含有一种化合物叫作异硫氰酸酯，能预防疾病。鲜姜、蔬菜和椰奶的组合使这道菜口味醇厚，香气四溢，健康益处多多。

原料：

1杯西兰花
1杯羽衣甘蓝
1杯甜椒
半杯白菜花
半杯菠菜（凑满4杯混合蔬菜即可，可选你喜欢的蔬菜）
1个洋葱切碎
2瓣大蒜切碎
1汤匙鲜姜磨碎
2茶匙咖喱
少许盐
1罐椰奶

第六天的菜单

1. 在大煎锅里倒入少许芥花油,中火炒洋葱、大蒜和姜2分钟。
2. 加入其他原料,小火炖煮,直到蔬菜变软,酱汁变稠。

晚餐:小扁豆沙拉

黑色的小扁豆使你的菜肴种类更丰富,它带给你更多花青素,黑色配绿色、红色的沙拉,多么别致!

原料:

1 杯小扁豆
1 个红葱头
1 汤匙柠檬汁
1 茶匙苹果醋
1 茶匙海盐
半汤匙香菜
半汤匙孜然
1 汤匙刺山柑
2 汤匙红椒切丁
少许绿叶蔬菜

1. 扁豆洗净,放入锅里,加入两杯水、海盐、香菜、孜然,煮沸后炖煮,直到变软,15~20分钟。
2. 在混合碗里混合扁豆、柠檬、刺山柑、红葱头、红椒。
3. 将扁豆放在一层绿叶蔬菜上,洒一些柠檬汁和苹果醋。

锻　炼

◎阻力训练:完成第196页的阻力训练项目。

第七天

留些时间给自己

如果你不把自己照顾好,你也别想把家人、朋友和工作照顾好。不论你想减肥还是想保持一种健康的生活方式,你都要把压力处理好。留些时间给自己,用你喜欢的方式给自己解压,是健康平衡生活的关键。

将休闲时间列入你的日程表,就像你安排时间去看牙医或开会一样,把自己的休闲时间当作一种约定,你会发现你周围的人都会支持你留些时间给自己。

第七天的菜单

早餐：烤面包片、坚果黄油和蓝莓

两分钟就做好了！如果你舍不得花两分钟准备一天当中最重要的一顿饭，你可要好好反思一下你是如何开始这一天的了。一份营养、健康的早餐给你补足能量！蓝莓富含花青素、纤维、锰和抗氧化物，能提供 25% 的每日维生素 C 摄取量，维生素 C 能提升免疫系统，有益牙龈健康。

原料：

2 片全素无麸面包
2 汤匙杏仁黄油或葵花籽黄油
1 根香蕉
1 杯蓝莓

1. 将杏仁黄油或葵花籽黄油抹在烤面包片上。
2. 上面放一些香蕉切片和蓝莓。

午餐：鹰嘴豆三明治

鹰嘴豆能帮助消化，调节血糖，富含蛋白质和纤维，口感醇厚，它的受欢迎是有原因的，尝一口鹰嘴豆三明治你就知道了。

原料：

2 片全素无麸面包
1 罐鹰嘴豆（不含双酚 A）
1/4 杯芹菜切碎
1/4 杯胡萝卜切丝
2 汤匙芥花油蛋黄酱
1 汤匙颗粒芥末

7 第七天的菜单

1棵长叶生菜
1个小番茄
少许黑胡椒粉

1. 将鹰嘴豆、蛋黄酱、芥末放入搅拌机，分几次搅拌均匀，但别搅拌过度。
2. 倒入碗里，加入芹菜、胡萝卜。
3. 在烤面包片上面放些生菜和鹰嘴豆。
4. 加点番茄和少许黑胡椒粉，大功告成！

晚餐：豆薯、鳄梨沙拉

生脆、清爽的豆薯，细腻、美味的鳄梨，这道沙拉是我的最爱，是我家餐桌上的必备。豆薯口味清淡、爽脆，一杯豆薯包含6克膳食纤维（25%的每日推荐摄取量），有助于排便规律，能预防高血压、心脏病、中风和肥胖症。

原料：

2杯豆薯去皮切块
1个鳄梨
1根胡萝卜（或半杯胡萝卜切丝）
1/3杯新鲜欧芹切丁
1汤匙特级初榨橄榄油
1个酸橙榨汁
少许海盐
少许黑胡椒粉

1. 洗净豆薯、胡萝卜、欧芹，用滤锅滤干。
2. 胡萝卜擦洗或去皮，将两端切掉，切片。
3. 豆薯和鳄梨去皮、切丁。

第七天的菜单

4. 欧芹切丁。

5. 将所有原料放入混合碗,加入橄榄油、酸橙汁、海盐、黑胡椒粉,摇匀装盘。

锻　炼

◎有氧运动:做 30～45 分钟任意的有氧运动(可以从第十四章选择),再做 10～15 分钟伸展运动。

10

第二周：创造持续性

欢迎来到第二周。你已经吃了一周植物，直面了心魔，在大脑里创造了新习惯的神经连接，这些新习惯会让你更强健、更纤瘦、更健康。你每天称体重，如果你坚持了正确的食量，一天吃三顿饭，坚持锻炼，你的体重应该已经下降了一些。

如果你想要体重继续下降，第二周一定不能松懈，要坚定意志，继续植物性饮食革命。

这就是为什么第二周我们要着重创造持续性。上周你建立了植物性饮食的新习惯，祝贺一下自己吧！每当你取得一个成绩，都应该祝贺自己。用什么方式祝贺呢？有时候当我们体验到最初的一点成功，就会觉得有些飘飘然，会禁不住想，看哪，我已经减了8磅，我当然可以奖励自己一块奶酪蛋糕了。

停。

如果你喜欢减掉8磅的感觉，就继续做让你减掉8磅的事情，要有持续性。持续性很重要。一个技惊四座的人，比如歌手、舞者或登山者，我敢打赌他的技艺不是一天铸就的。一个专业人士天天都耕耘本行。只做一次、只试一试，不会有任何结果，持续性才能带来结果。

想学到文凭，不能只上一星期学，你必须努力学习四年。毕了业，仍要每天努力工作才能达到目标。如果创业，你必须每天拼搏。如果打工，你必须每天上班。每天早晨你必须怀着坚定的信念起床，努力工作，这就是成功的代价。你的健康也需要相同的持续性！

健康需要你持之以恒，需要你付出努力，需要你每天不偷懒。

持续性不会告诉你："我瘦了，所以我可以松懈了。"持续性会告诉你："我今天没有偷懒，做得很好，明天我也不会偷懒，还会更努力。"

每天不偷懒，迎接你最美的人生，抓住今天和今后的每一天，持之以恒！

第八天

用自己的速度跑自己的步

我记得我的姐姐第一次和我跑半程马拉松时,她以为自己跑不下来,我说:"相信我,你能的,你会爱上跑马拉松的。"

她告诉我,她想两个小时跑下来,这就是她的目标。我向她保证她能做到,因为我们训练时就把这个作为目标,一直都是按照这个速度跑的。

我们开跑了,两英里、三英里、四英里、五英里,她感觉良好,我们状态正佳。

我说:"詹妮,我们一定能达到目标。"

"真的吗?"

我说:"不用看表,别担心,你状态正佳,你在用自己的速度跑步,就这样保持就行了。"

我们跑到十英里,有的人快步超过了我们,詹妮紧张起来,她开始关注起其他人的跑步速度而不是她自己的。

她的速度慢下来，因为她受到了他人成功的打击。我说："别这样，跑你自己的步，别受别人影响。"

她开始跑快了点。

我说："不要加速，不要慢下来，照你本来的速度跑。"

她朝四周看了看，说："可是别人……"

我说："詹妮，相信我，我跟你说了好多年了，跑你自己的步。"

"好。"

她坚持了她的计划，以相同的速度跑完全程，差几秒两个小时，与她的预期目标完全一致。

她好自豪！这都是因为她用自己的速度跑自己的步。

这就是今天我要送给你的话：用自己的速度跑自己的步。这是你的比赛，不是其他任何人的。适用于跑马拉松的道理，也适用于你的革命旅程。你一定要明白这个道理，因为它关系到你的成功或失败。

用自己的速度跑自己的步！不管你的目标是什么，一定有人比你做得更好。办公室的苏西比你减掉更多体重；丹似乎想吃什么就吃什么，但从来不变胖。忘掉丹，忘掉苏西，这是你的革命旅程。

跑自己的步，保持自己的速度，你不需要和任何人比赛。坚持跑下去，跑到终点时，你看着体重秤上的数字，看着镜子里的自己，鼓起你的肱二头肌，那种感觉无与伦比，你会惊呼："哇，我做到了！"

长距离跑步会带给你一种狂喜感,因为你以无可替代的方式挑战了自己,考验了自己的精神毅力。

乐趣和喜悦尽在其中。

第八天的菜单

早餐：免疫果汁

据巴尔的摩纵向衰老研究报告，苹果和梨的混合物是黄酮醇含量第二高的蔬果。梨中的植物营养素可以抗氧化，抗炎，降低二型糖尿病、心脏病和癌症的患病风险。

将所有原料放入搅拌机搅匀：

2 个梨
1 个富士苹果
1 杯冷冻蓝莓

午餐：无麸意大利扁面条配番茄和罗勒

有时候你就是想舒舒服服地吃一碗意面，罗勒让意面更美味。罗勒属于薄荷家族，古希腊和古罗马人发现了它的芳香性，使之成为人们餐桌上的美食。罗勒吃起来有柠檬、肉桂和茴香的味道。

原料：

1 盒意大利扁面条（可以选择更健康的原料，如藜麦、糙米或其他无麸意面）
1 加仑[①] 水
6 个大番茄
2 汤匙特级初榨橄榄油
1 汤匙大蒜切碎
18 片罗勒叶
少许海盐
少许黑胡椒粉

---

① 1 美制加仑约为 3.8 升。

第八天的菜单

1. 用平底锅中火加热橄榄油、大蒜，加少许海盐。

2. 番茄和半份的罗勒叶洗净、切碎，放入锅里，炒 5~10 分钟，关火冷却，放置一旁。

3. 将番茄放入搅拌机，搅拌均匀至黏稠。

4. 将番茄酱倒回锅里，小火，放入剩下的半份罗勒叶，加热约 10 分钟，同时煮扁面条。

5. 将 1 加仑水煮开，加入少许盐，放入扁面条，煮 6~9 分钟，不时搅拌，确保不要煮得过久。

6. 用滤锅将扁面条滤干。

7. 将扁面条倒入平底锅，与番茄酱拌匀。

8. 小火加热几分钟，盛盘，点缀少许罗勒叶，享用吧。（4~6 人份）

晚餐：棕榈芯沙拉

完美的野餐或聚餐菜肴哦！

原料：

▲ 1 杯藜麦
2 杯水
1 杯罐装棕榈芯切片
半品脱小番茄切半
1 个鳄梨去皮、切成 4 份
1 杯黄瓜切碎
半杯卷心生菜或长叶生菜切碎
1/3 杯西兰花切碎
1 汤匙特级初榨橄榄油，也可不加
1 个酸橙榨汁
少许黑胡椒粉

生核桃卷，第 97 页

西班牙黑豆浇红薯，第 100 页

甜椒塞藜麦，第 152 页

白菜花沙拉，第 105 页

藜麦塔博勒沙拉，第 149 页

橘汁腌菜，第 158 页

咖喱蔬菜，第 116 页

洋蓟、番茄、鳄梨沙拉，第 101 页

小扁豆沙拉，第 117 页

扁豆汤配鳄梨和番茄，第 104 页

甘蓝、红薯沙拉，第 142 页

鹰嘴豆三明治，第 119 页

鹰嘴豆泥面包片配苜蓿芽，第 162 页

无麸意大利扁面条配番茄和罗勒,第 127 页

藜麦扁豆沙拉,第 96 页

番茄、鳄梨沙拉，第 133 页

豆薯、鳄梨沙拉，第 120 页

糙米和羽衣甘蓝，第 132 页

奇亚籽布丁，第 104 页

自制浆果即食麦片,第 132 页

香蕉蓝莓燕麦粥,第 96 页

薄脆比萨，第 108 页

烤面包片、坚果黄油和蓝莓，第119页

瘦身蔬菜果昔，第215页

胡萝卜糖霜面包，第 233 页

西葫芦、胡萝卜、黄瓜沙拉，第 109 页

法国吐司，第 141 页

迷你巧克力豆松糕，第 237 页

第八天的菜单

少许海盐

1. 用细筛冲洗藜麦,滤干,放入中号锅里。
2. 加 2 杯水和少许盐,煮开,小火炖煮,直到水被吸收,藜麦变得松软,15~20 分钟。做大约 2 杯。
3. 在小碗里混合橄榄油、酸橙汁、黑胡椒粉、海盐。
4. 在另一个碗里混合棕榈芯、番茄、鳄梨、黄瓜、生菜、西兰花,倒入酱汁摇匀,倒入冷却的藜麦,盛盘吧。(2 人份)

锻　炼

◎阻力训练:完成第 196 页的阻力训练项目。

第九天

解锁你的隐藏潜力

想要取得成功,你就必须坚信自己能成功。成功的潜力就在你身体里,你过去的经历或挣扎并不重要。

有一个故事说一个农夫捡到了一个老鹰蛋,带回家放进鸡窝,跟其他鸡蛋放在一起,很快老鹰蛋孵化了。

小老鹰和其他小鸡一起成长,小鸡做什么,它也做什么,它和小鸡一起学习。小鸡只能飞很短的距离,它也只飞很短的距离。在它心中,它就是一只鸡,它天生就能飞那么远。

它完全不知道自己是一只鹰,有飞上云霄的天赋,所以它整天只是跟其他小鸡一起在泥土里啄食。

一天,它看见一只巨大的鸟在天上飞,比鸡飞得高得多,它无比敬畏!母鸡解释说那是老鹰,天空之王。

站在泥土里的小老鹰望着其他老鹰展翅飞翔,却从没意识到它自己也是天空之王，有着展翅高飞的潜力。

　　我们太容易把所见之物与内在潜力混淆！你周围所见到的并不能说明你是谁、你有什么潜力。如果你不喜欢你此刻的感觉，改变它！你给自己设立的标准是基于周围所见、基于你的过去，还是基于你的内在潜力呢？把天空当作你的目标！

　　你永远不会知道你的潜力有多大，除非你允许自己尝试。

9 第九天的菜单

早餐：自制浆果即食麦片

即食麦片很容易做，又美味，真没必要在商店里买哦！

原料：

▲ 2 杯无麸燕麦

1/4 杯枫糖浆

▲ 1/4 杯切碎的坚果（腰果、杏仁和葵花籽）

半茶匙细海盐

1. 烤箱预热到 160℃，烤盘里放一张烘焙纸。

2. 将所有原料（除了枫糖浆）放入混合碗，一边搅拌一边缓慢加入枫糖浆。均匀铺在烘焙纸上。

3. 烘烤 10 分钟，翻面，再烤 10 分钟。

4. 室温冷却，装入密封容器（玻璃罐）里保存。（4 人份）

午餐：糙米和羽衣甘蓝

糙米和羽衣甘蓝是带给你最富想象力的蔬菜佳肴。羽衣甘蓝营养丰富，热量却不高，富含抗癌物质、纤维、钙、维生素 A、维生素 C、维生素 B_6、维生素 E、锰和铜，是货真价实的营养明星！

原料：

1 杯糙米

羽衣甘蓝

任意蔬菜

第九天的菜单

1. 冲洗糙米 30 秒钟。
2. 将糙米放入锅里,加 2 杯水,煮沸,盖上盖子,炖煮 40 分钟,或煮到水被吸收,糙米变软。
3. 将煮好的糙米放入碗里,加入羽衣甘蓝、自选的新鲜蔬菜(西兰花、黄瓜、番茄、胡萝卜等)。
4. 加入柠檬汁或酸橙汁作为酱汁,或者混合 2 汤匙意大利香醋、1 汤匙芥末和少许黑胡椒粉(自制意大利黑醋汁)。

晚餐:番茄、鳄梨沙拉

简单,华丽,新鲜,健康,一道方便易做的经典沙拉。

原料:

2 个中等大小的番茄
1 个鳄梨
2 个酸橙榨汁
2 茶匙干罗勒叶
1 汤匙特级初榨橄榄油,也可不加
少许海盐
少许黑胡椒粉

1. 番茄洗净、切碎,放入混合碗。
2. 鳄梨切半、去皮、切块,也放入混合碗。
3. 加入酸橙汁、罗勒叶、橄榄油、海盐、黑胡椒粉,搅拌均匀。
4. 共 2 份,晚餐吃 1 份,当作零食吃 1 份。

9 第九天的菜单

锻　炼

◎有氧运动：做 30～45 分钟任意的有氧运动（可以从第十四章选择），再做 10～15 分钟伸展运动。

第十天

百分百投入

今天是第十天,你的体重应该开始下降了,下降幅度取决于你的初始体重和体能状况。如果你还没减重,就需要审视一下你实际吃进嘴里什么,而不是你想吃些什么。人们很容易从早到晚吃点这个吃点那个却毫不自觉。乱吃东西通常伴随着否认现实,请诚实地审视自己是否执行了革命方案。

大多数感觉自己减不了肥的客户告诉我他们认为自己吃得并不多。他们真的认为自己并没有在吃,因为这种无意识的乱吃行为已经变成根深蒂固的习惯。我不得不让他们复述一天的流程:"你早餐吃了些什么?午餐呢?中间吃零食了吗?"这时真相暴露了。

"呃,我想我的确吃零食了,我喝了点红酒,昨天吃了几块巧克力蛋糕,巧克力是我的弱点,所以有时候……"

看清楚了吧?否认自己有乱吃东西的习惯,否认这种自动化的反应,下场就是这种习惯会摧毁你瘦身成功的可能。这就是为什么你必须百分百投入。当你百分百投入时,你就不给无意识乱吃东西一点存在余地,当你95%投入时、75%投入时,这种习惯就会顽固残存。

如果你想要成功,就百分百投入!

第十天的菜单

早餐：海角蔬果汁

早在远古时期，姜就被人们用作香料和药物。在中世纪，姜是最重要的香料之一。它被用来治疗晕车、孕吐、恶心、呕吐、肌肉疼痛、关节炎、咳嗽和支气管炎。姜里的化学物质似乎能缓解肠胃的炎症和呕吐，控制脑部的呕吐感。

将所有原料放入搅拌机搅匀：

1 把菠菜
2 片羽衣甘蓝
1 根黄瓜
1 个柠檬
半英寸姜根
1 英寸姜黄（或 1 茶匙姜黄粉）
少许欧芹
2 根胡萝卜
1 个青苹果去核

午餐：生核桃卷

（见第一天的菜单）

晚餐：黑豆、甘蓝沙拉

玛丽莲知道每次她做这道沙拉，我就开心得不得了。她是个好人，经常做给我吃。茴香很脆，有一种淡淡的甘草味。你用不着知道芸香苷、槲皮素和山柰酚这些术语，只要知道茴香富含对抗自由基的抗氧化剂就好了。

10 第十天的菜单

原料：

1 杯生黑豆（或 1 杯罐装的）

4 杯水

2 杯羽衣甘蓝切碎

3/4 杯番茄切丁

1/4 杯欧芹切丁

半个鳄梨切碎

1/3 杯茴香切丁

1/4 杯洋葱切丁

1/3 杯胡萝卜切丝

1 汤匙特级初榨橄榄油

3 汤匙柠檬汁

少许海盐和黑胡椒粉

黑豆的做法：

1. 将 1 杯黑豆加入 4 杯冷水，浸泡一夜，以缩短烹饪时间。或黑豆加水煮沸 2 分钟，关火放置 1～2 小时。
2. 将黑豆冲洗、滤干，加 3 杯水。
3. 黑豆煮沸，盖上盖子，小火炖煮，撇去浮沫，不时搅拌（提前浸泡的黑豆需要煮大约 1 小时）。
4. 炖煮直到黑豆变软。
5. 冲洗，滤干。吃不完的黑豆可以放入密封容器或结实的冷藏袋中，常温储存 3～4 天，冷藏 1～2 个月。

沙拉的做法：

1. 在混合碗里放入 1 杯煮好的黑豆、羽衣甘蓝、番茄、欧芹、鳄梨、茴香、洋葱、胡萝卜、橄榄油、柠檬汁，拌匀。
2. 加入少许海盐和黑胡椒粉，大功告成！

锻　炼

◎阻力训练：完成第 196 页的阻力训练项目。

第十一天

赚取你的奖赏

现代人活得太舒适,已经忘了什么是拼搏、努力。信用卡出现之前,你必须怎么做?你必须非常努力地工作才能买得起心仪的东西。现在就不用了,你只需掏出信用卡购买,再在未来的几年里慢慢还清欠款。

我们对待食物也是如此。

狂刷信用卡意味着你给了自己还没赚到的东西,没努力工作就提前买到的东西。这种行为深深植入你的思维,使你用这种态度对待你的人生。无论是金钱还是营养方面,你总是奖赏自己(即使你根本付不起),然后在未来的岁月里用焦虑和健康慢慢还清。

植物性饮食革命的目标是使你产生意识和觉知,对你放入口中的食物的觉知,对你何时吃以及吃什么的觉知,使你停止把食物当作奖赏,而给自己真正的奖赏——健康和活力。

当你感到挫败,想用计划之外的食物奖赏自己时,快按暂停键!

你赚得这个奖赏吗?还是在借用你偿还不了的,只会让你变胖、身体变差的多余热量?

为了健康,为了良好的信用记录,赚取你的奖赏吧,别借钱提前享受!

第十一天的菜单

早餐：法国吐司

减肥餐也能吃法国吐司？当然。只要是用正确的原料做成，你就既可以吃法国吐司，又可以获得植物性饮食的全部健康收益！

原料：

4 片全素无麸面包
1 根香蕉
1.5 杯杏仁奶
1 汤匙椰子油
▲ 半汤匙亚麻籽粉
少许肉桂
半茶匙香草精

1. 在混合碗里将香蕉压成泥。

2. 加入杏仁奶、香草精、肉桂、亚麻籽粉，搅拌。

3. 将椰子油倒入煎锅，中火预热。

4. 将面包片在混合物里蘸一蘸，确保两面都覆盖上混合物。

5. 用煎锅煎面包片，至两面都变金黄。

6. 立即盛盘，滴少许枫糖浆。

午餐：白菜花沙拉

（见第三天的菜单）

11 第十一天的菜单

晚餐：甘蓝、红薯沙拉

两种我最爱植物的结合！脆生生的羽衣甘蓝加上甘甜的红薯，真是一道令人惊艳的组合，尤其再加上些蔓越莓和葵花籽……营养价值提升了，没有比这更好吃的了！

原料：

1 个小红薯
1 把羽衣甘蓝
1/4 杯干蔓越莓
1/4 杯葵花籽或南瓜籽
少许海盐
2 汤匙意大利香醋
1 汤匙芥末

1. 烤箱预热到 180℃。

2. 用流水擦洗红薯，蒸软。

3. 将蒸好的红薯放在烘焙纸上，烘烤 10 分钟，或直到边缘变脆。

4. 甘蓝切碎，与红薯、蔓越莓、葵花籽混合摇匀。

5. 将芥末、醋、盐搅匀，洒在红薯上。

锻　炼

◎有氧运动：做 30～45 分钟任意的有氧运动（可以从第十四章选择），再做 10～15 分钟伸展运动。

第十二天

别忘了你在驾驶席

食物和健康是我们最有自主权的生活领域,然而,也是我们最不去发挥这种自主权的领域。想象有一棵大树挡在马路中央,你的刹车也没坏,你却不踩刹车,不转方向盘,直接朝那棵树撞了过去。

对于你周围的人、你的老板或天气,你无法控制。但是对于你的健康、你的感觉、你的外表、你的衰老状况、你的精力水平以及你的睡眠,你可以控制。然而我们放弃了控制权,屈服于恐惧,贪恋食物带给我们的即刻慰藉。但是健康、好身材、快乐、体重减轻、疾病逆转、皮肤变好和视力上升等长期慰藉不是更好吗?

不要恐惧成功。如果我想成功,我是不是得改变?得成长?成功路上是不是充满不适?冲破这些阻碍你前进的心理障碍吧!

你知道成功者和失败者有什么区别吗?没有区别。失败者只是还没成功而已。任何人都能成为成功者,你只需不断努力。当你命中一球的时候,即使之前有十球未中,又有什么关系?命中了一球,你就能命中下一球。

于是,你成了成功者。

你在驾驶席,你有掌控权!自律才能成就最好的自己。

第十二天的菜单

早餐：超级维生素 C 果汁

用搅拌机搅匀所有原料：

1 个橘子
4 根胡萝卜
4 根芹菜茎
1 个柠檬
半英寸生姜

午餐：薄脆比萨

（见第四天的菜单）

晚餐：扁豆蔬菜汉堡

我的妻子经常做这种汉堡，尤其在夏天户外到处是烧烤架的时候。全素无麸面包、黑扁豆、鳄梨、番茄、生菜、洋葱和芝麻酱汁（1 汤匙芝麻酱、3 汤匙柠檬汁和少许盐混合），哇，好香！

原料：

2 杯煮好的黑扁豆
▲ 2 杯煮好的藜麦（1/3 杯干藜麦加 2/3 杯水）
1 杯胡萝卜切碎
1/3 杯洋葱切碎
1 汤匙柠檬汁
1 汤匙葛根粉
2 汤匙鹰嘴豆粉
1/4 茶匙孜然

12 第十二天的菜单

1/4 茶匙香菜
1 汤匙欧芹片
少许大蒜粉
半茶匙海盐

黑扁豆的做法：

 1. 用筛子和冷水冲洗黑扁豆，直至水变清。
 2. 在锅里放入 1 杯黑扁豆和 4 杯水，煮沸，加少许海盐，盖上盖子，煮 20 分钟，偶尔搅拌，确保不要煮得过久。
 3. 关火，滤干，放在一旁。

藜麦的做法：

 1. 用筛子和冷水冲洗藜麦。
 2. 在锅里放入 1 杯藜麦和 2 杯水，煮沸，加少许海盐，盖上盖子转小火煮 20 分钟。关火冷却，剩余的藜麦可放入冰箱冷藏 1 周。

汉堡的做法：

 1. 烤箱预热到 200℃。
 2. 在搅拌机里加入洋葱、胡萝卜、1 杯藜麦、1 杯扁豆、柠檬汁。
 3. 搅拌至均匀切碎，加入葛根粉、鹰嘴豆粉、孜然、香菜、欧芹、大蒜、海盐，再次搅拌。
 4. 将混合物倒入剩余的藜麦、扁豆中，搅匀。
 5. 将混合物用手揉成 6 个相同大小的饼，或者 12 个（如果你想做迷你汉堡的话）。
 6. 在烘焙纸上 200℃烤大约 45 分钟，每隔大约 20 分钟翻一次面，也可以用火炉烤。
 7. 剩余的可以在冰箱冷藏几天，或密封包装冷冻 6 个月。

锻 炼

◎阻力训练：完成第 196 页的阻力训练项目。

第十三天

学会说不

最近,我和妻子去儿子的学校参加一个活动,席间有很多健康食物,然而甜点是五颜六色的纸杯蛋糕。

我们站在那儿,看见一位老师对一个孩子说:"丹尼尔,你没吃纸杯蛋糕哦!"

学生回答:"谢谢,我不想吃。"

老师说:"你为什么不尝一尝?"

那个7岁的孩子说:"我不爱吃。"

老师又说:"你不尝一尝怎么知道你不爱吃呢?"

如果老师是在鼓励这个孩子尝一尝西兰花和芹菜,我能理解。但她为什么要鼓励他尝彩色蛋糕呢?这令我匪夷所思。

总会有人劝你再吃一个纸杯蛋糕,再吃一盘意面,再吃一份你不需要的食物。这个人可能是你的老板、你的岳母、你的好朋友或你的领导。

你可以对他们说:"谢谢,我不想吃。"

事实上,你必须学会鼓足勇气说不。

13 第十三天的菜单

早餐：隔夜燕麦

在忙碌的早晨，如何享受无须烹饪的快速早餐？前一晚把它放进冰箱就好了！发动你的创意，尝试不同组合的新鲜水果、种子和坚果吧！

原料：

▲ 半杯无麸燕麦
半杯杏仁奶
少许肉桂
▲ 半汤匙亚麻籽粉
半杯新鲜水果

1. 在碗里混合燕麦、肉桂、杏仁奶，装入有盖的玻璃罐，在冰箱冷藏一夜。
2. 早晨加入亚麻籽粉和新鲜水果一起食用。

午餐：藜麦塔博勒沙拉

塔博勒沙拉传统上是用碎小麦做的，这里我们用藜麦做，营养更高，味道依然纯正！

原料：

▲ 1 杯藜麦
半个柠檬
1 瓣大蒜切碎
少许黑胡椒粉
1 个黄瓜切碎
1 盒小番茄
少许欧芹片
1 根青葱切碎
少许盐

13 第十三天的菜单

1. 用细筛冲洗 1 杯藜麦，滤干，倒入中号锅里。

2. 加入 2 杯水和少许盐，煮沸，转小火炖煮，直到水被吸收，藜麦变得松软（15～20 分钟）。

3. 在碗里混合其他所有原料。

4. 当藜麦冷却，倒入混合物，摇匀，加入柠檬汁、盐、黑胡椒粉。

晚餐：咖喱蔬菜

（见第六天的菜单）

锻　炼

◎有氧运动：做 30～45 分钟任意的有氧运动（可以从第十四章选择），再做 10～15 分钟伸展运动。

第十四天

不停地蹬车

今天标志着第二周的结束和第三周的开始。还有最后一周了,你兴奋吗?这些天来你很努力,已然尝到了植物性饮食的甜头:你的体重下降了,精力更加旺盛,周围的人总说你更加容光焕发了。

取得这些成绩并不容易,你正在为健康而战斗,但诱惑总是存在,你必须全身心投入,击退诱惑。

我有一个很酷的朋友,他就像我的导师,我很欣赏他的智慧。他说:生活就像骑单车,如果不一直蹬车,就会摔倒;如果你没有蹬,车却走得很快,那你很可能是在走下坡路;当你发现自己很累很难地蹬着车时,说明你在爬坡,在进步。

一直蹬吧!

14 第十四天的菜单

早餐：清爽蔬果汁

甜菜给这道蔬果汁带来香甜诱人的口感，也增加了它的营养价值。根据研究，喝甜菜汁能增强耐力，使你的锻炼时间更持久，还能降低血压。

将所有原料放入搅拌机搅匀：

1 根黄瓜
1 个苹果
1 个柠檬去皮
少许欧芹
2 个甜菜

午餐：全素寿司卷

（见第五天的菜单）

晚餐：甜椒塞藜麦

每次甜椒塞藜麦一上桌，总是引起一片欢呼，又好吃又营养。一杯甜椒满足你每日的维生素 A 和维生素 C，甜椒颜色越丰富，其植物化学成分就越多样。红椒中的叶黄素和玉米黄质能预防眼疾，β-胡萝卜素有抗癌功能，番茄红素能降低卵巢癌风险。

原料：

▲ 1 杯藜麦
1 罐斑豆（不含双酚 A）
4 个中等大小的甜椒
1 个小甜洋葱

第十四天的菜单

半汤匙孜然
少许盐
少许大蒜粉
少许黑胡椒粉

1. 烤箱预热到180℃。

2. 从顶部切开甜椒，去籽。

3. 用细筛冲洗1杯藜麦，滤干，倒入中号锅里。

4. 加入2杯水和少许盐，煮沸，转小火炖煮，直到水被吸收，藜麦变得松软（15~20分钟）。

5. 在碗里加入斑豆、洋葱、大蒜、孜然、盐、黑胡椒粉、藜麦，摇匀。

6. 将藜麦和斑豆的混合物塞进甜椒里，放在烤盘烘焙纸上，烘烤20~25分钟。（每人吃1~2个甜椒）

锻　炼

◎阻力训练：完成第196页的阻力训练项目。

11

第三周：提升意识

欢迎来到第三周！在过去的两周里，你努力坚持尝试新鲜食材，改变旧日习惯，不偷懒。到现在为止，你应该已经逐渐适应了美味可口的覆盆子、蓝莓和蔬菜沙拉的味道。现在，我想教你一项新技能——提升意识。

你将学会在餐前、餐中、餐后对食物保持觉知。

- 在餐前对食物保持觉知：下一餐你准备吃什么？买好新鲜食物了吗？做好必要的计划了吗？
- 在餐中对食物保持觉知：用餐时你感到放松吗？你专注于食物吗？食物尝起来怎么样？脆脆的？有嚼劲？酸的？甜的？你的食量正确吗？你吃得心满意足但不过饱吗？
- 在餐后对食物保持觉知：食物真正的价值在于它让你感觉多么美好！

保持觉知、提升意识不等于强迫症！有的节食者认为成功在于遵循某个死板的公式，比如计算热量。执迷于热量数值给他们一种掌控命运的感觉，但这种死板的方法又能坚持多久呢？除非你是数学家，否则整天加减乘除是很枯燥的，而且会妨碍你在进餐时真正保持专注当下。

与其计算热量，不如专注于"kaizen"。这是一个日语词汇，意思是"变得更好"，意指小的、连续的、渐进的改善，多指在企业的制造与管理中，不断发现错误，改进机制。它鼓励人们观察更细致，用微小而有效的改变创造巨大持久的涟漪效应。

这种思维在各种规模大小的领域都适用。在一座城市中，kaizen 思维决定了街道是堆满垃圾（因为没有摆放垃圾桶）还是整洁干净（因为垃圾桶摆在醒目的位置）。在家中，kaizen 思维意味着在储存蔬果前将其洗净、切片，这样蔬果就跟包装食品一样便捷了；它也意味着选择一条不同的路线回家，这样就不会路过你最爱的面包店了；它还意味着在你吃撑前离席，而不是恋恋不舍消灭掉饭桌上的最后一口。

无须患上强迫症，kaizen 鼓励你反省和思索：什么是你旧习惯的触发器？哪些习惯在助你成功？哪些习惯在妨碍你成功？这一周，你将如何运用意识和觉知来微调习惯，走上健康、成功、力量之路？

第十五天

知道什么是饱

随着科技的日新月异,我们的生活节奏也加快了。我们中的很多人要么吃饭速度很快,要么在办公桌前匆匆吃完,要么干脆不吃午饭。吃饭速度太快,会让身体来不及向我们发出"我已经饱了"的信号。你给汽车加过油吧?你是不是会加到快满还没满的位置,免得汽油溢出来?

如果你体重超标,很可能是因为你吃饭时总是把"油"加得过满,满得都溢了出来。你是不是经常吃完饭心里想着"最后那几口我不该吃啊"?

关注自己饭后真实的感觉。如果你吃完饭心里想着"虽然我再吃几口也行,但我现在感觉很舒服,我已经吃饱了",那你的体重一定很健康。

多年来,我发现吃饭吃到八分饱或者差一点没饱是最为健康的。饭后二十分钟,当你的身体开始消化吸收刚吃进去的食物时,你发现自己其实很舒服。我们的身体是非常复杂而精巧的机器,在这个追求即刻满足的科技社会,我们需要有耐心。如果你没耐心,为了即刻的满足感又多吃了三口,你会后悔的,因为这样并不舒服。你会胃疼、感觉无精打采,而这并不是我们想要从吃饭中得到的结果!

你的食物应该让你有一种吃好了、精力充沛的感觉!想真正享受美食,请务必节制。

15 第十五天的菜单

早餐：活力蛋白质果昔

着急出门吗？没问题。把果昔倒入旅行杯，为你的旅途增添活力。

原料：

2 勺巧克力味植物蛋白粉
2 杯杏仁奶
1 根冷冻香蕉
1 汤匙葵花籽黄油

午餐：黑豆、甘蓝沙拉

（见第十天的菜单）

晚餐：橘汁腌菜

无论是享用安静的晚餐还是参加热闹的宴会，你都会爱上这道菜，客人们会为它而疯狂！一份橘汁腌菜有胡萝卜明艳的橙色，有 203% 的每日维生素 A 摄入量，还含有丰富的钾。墨西哥哈拉贝纽辣椒内部的白色组织富含辣椒素，让人发热、出汗，提高新陈代谢率，增加饱腹感。

原料：

2 杯棕榈芯切片
1 个鳄梨切丁
2 杯黄瓜切丁
1 杯胡萝卜切丁
半杯青葱切丁
1 个哈拉贝纽辣椒去籽切碎

第十五天的菜单

4 个酸橙榨汁
1 汤匙特级初榨橄榄油，也可加
少许欧芹片
少许海盐
少许黑胡椒粉

1. 在混合碗里混合棕榈芯、鳄梨、黄瓜、胡萝卜、青葱、哈拉贝纽辣椒、酸橙汁、橄榄油。
2. 轻轻摇匀，盛盘。
3. 撒少许欧芹片、海盐、黑胡椒粉。（2 人份）

锻炼

◎有氧运动：做 30～45 分钟任意的有氧运动（可以从第十四章选择），再做 10～15 分钟伸展运动。

第十六天

观察你自己

医学是一门需要观察力的科学,医生要观察疾病、观察病人。但谁会比我们自己更善于观察自己呢?你知道什么让你舒服,什么情况会让你大吃大喝;你知道如果深陷压力,你会克制不住吃巧克力棒;你知道当你想奖赏自己时,会毫不犹豫奔向冰激凌。如果你还不知道自己有这些特点,请花些时间反思,别对自己说谎,现在正是勇敢承认旧习惯、创造新习惯的时机。

现在,充满觉知地创造你的新习惯吧!你需要搞清究竟是什么触发了你的自动反应,让你开启大吃大喝模式。你需要找到更好的奖赏自己的方式,将自动反应转变为有意识的选择。

假设每天下午三点半你都会有一种想要离开办公桌去吃点零食的冲动,你也这样做了。的确,你需要休息一下。你站起身,在办公室里转来转去,在咖啡店或自动售货机里买了块巧克力蛋糕。十分钟后,你后悔了,快感被犯罪感取代。你为什么要离开办公桌呢?因为你感到有点烦躁、坐立不安，你想感觉好点，结果感觉更糟了。

　　这是一个转变的最佳契机。让我们剖析你离开办公桌的深层原因。是饥饿吗？不是。是无聊吗？也许。可能你只是需要站起来活动活动身体。一旦你发现你每天吃蛋糕的真正原因其实是你需要休息一会儿，那么，你可以有更好的选择。为什么不在下午三点半走到户外呼吸一些新鲜空气呢？你真正需要的其实是给大脑一点清醒的空间啊，花五分钟时间再次获得灵感、再次聚焦、再次校准，然后重新回到工作中——没有犯罪感，而是充满对自己的关爱之感，不管是在家还是在工作中。这些自始至终都与巧克力蛋糕无关！

　　观察自己，捕捉自动反应的那一刻，然后改变它，用你真正需要的行为代替。

16 第十六天的菜单

早餐：活力蔬果汁

新鲜姜黄是姜的近亲，它们长得很像，但它的颜色是鲜艳的黄色。姜黄益处多多，能缓解关节炎、胃痛、肿胀、感冒和头痛。姜黄中的化学物质能消肿、消炎。

将所有原料放入搅拌机搅匀：

4 片羽衣甘蓝
1 根黄瓜
1 杯菠萝
2 根芹菜茎
1 英寸姜黄

午餐：鹰嘴豆泥面包片配苜蓿芽

这是一道单面三明治，鹰嘴豆泥和蔬菜让你垂涎欲滴。制作只需两分钟，带在路上吃很方便！

原料：

2 片全素无麸面包
半个小鳄梨
2 汤匙鹰嘴豆泥
少许苜蓿芽
4 个小番茄
少许甜椒粉

1. 将鹰嘴豆泥抹在烤面包片上。
2. 放上一些苜蓿芽、番茄片、鳄梨，撒少许甜椒粉。

第十六天的菜单

晚餐：扁豆汤配鳄梨和番茄

（见第三天的菜单）

锻　炼

◎阻力训练：完成第 196 页的阻力训练项目。

第十七天

多吃一口的诱惑

在你节食的过程中,某一次的行为并不会导致病态肥胖症,多吃了一口饭、一包零食、一个甜甜圈或一块蛋糕并不会让你增重一百磅。但如果你的习惯是每天下午和同事去蛋糕店吃蛋糕,那一块蛋糕对你的节食、你的体重、你的健康以及你的毅力会有什么样的影响呢?

问题在于你行为的持续性,而不是你吃的第一口。的确,一块曲奇不会使你变胖,一个冰激凌圣代不会使你患上二型糖尿病,一个起司汉堡不会使你心脏病发作。

但是,如果你拒绝不了第一口的诱惑,如果你一直将不健康的零食进行到底,你就永远也别想减肥,还很可能继续变肥!

真相是:正确的选择会带来更多正确的选择,错误的选择会带来更多错误的选择。在深夜里你吃了一包薯片,早上醒来感觉臃肿、糟糕,这时何必吃什么蔬菜果昔呢,干脆吃个甜甜圈吧,对吗?

你必须跳出这个恶性循环，才能解放自己。每一个选择都至关重要，因为每一个选择都将带来下一个选择。革命路漫漫，你不能因为嫌它路途漫长哭鼻子，你现在就得开始！你必须迈出第一步！每一个选择都是迈向未来的一步，你想为自己争取到哪一种未来呢？

迈出那重要的一步，点一份沙拉；走一条不同的路回家，避开那个面包店，省得你嘴馋又鬼使神差地进去买点心；把食品柜里的曲奇全部扔掉，省得它们在你一回家时就诱惑你放纵。

你的旅程始于第一步，之后的每一步或者使你前进，或者使你后退。

一直迈步向前！

17 第十七天的菜单

早餐：鹰嘴豆泥面包片配番茄、鳄梨

这道早餐由水果装点，非常美味。是的，你没有看错。和番茄类似，人们常常认为鳄梨是一种蔬菜，但实际上它是一种水果。鳄梨富含20种必需营养素，包括钾、维生素E和B族维生素，能帮助吸收脂溶性的营养素，如α-胡萝卜素、β-胡萝卜素和叶黄素。

原料：

2片全素无麸面包
半个鳄梨
2汤匙鹰嘴豆泥
4个小番茄
少许甜椒粉

1. 将鹰嘴豆泥抹在烤面包片上。
2. 放一些番茄片、鳄梨，撒少许甜椒粉。

午餐：混合豆类浇红薯

又一道口感醇厚的红薯美味！红薯几乎是所有配料的最佳基底。选择任意组合的豆类，或者试试我的最爱组合：菜豆和芸豆。

原料：

1个红薯
1杯混合豆类（半杯菜豆和半杯芸豆或者其他组合）
半个小洋葱切碎
1瓣大蒜切碎
少许盐
半茶匙牛至

第十七天的菜单

1 茶匙孜然
1.5 汤匙意大利香醋
少许黑胡椒粉

1. 豆子浸泡一夜。冲洗,滤干。

2. 将豆子放入中型锅,加入 4 杯水、洋葱、大蒜、牛至、孜然,煮沸,转小火炖煮 45 分钟。

3. 当豆子变软,加入醋、盐、黑胡椒粉。

4. 烤箱预热到 230℃。

5. 冲洗红薯,滤干。

6. 红薯戳若干小孔,放在烘焙纸上。

7. 红薯放入烤箱 30 分钟,翻面,再烤 20 分钟。

8. 从烤箱中取出,冷却片刻,切半,装盘。

9. 盛上豆子,装饰以番茄、鳄梨。

晚餐:洋蓟、番茄、鳄梨沙拉

(见第二天的菜单)

锻　炼

◎有氧运动:做 30 ~ 45 分钟任意的有氧运动(可以从第十四章选择),再做 10 ~ 15 分钟伸展运动。

第十八天

拒绝否认现实

每次和体重超标的朋友聊天,我经常会听到这样的说法:

"我不知道为什么我减不了肥,我几乎什么都不吃啊。"

"为什么我看不到效果呢?我几乎全吃素啊。"

"我中午吃了个沙拉,晚上吃了个炒菜,都没吃早饭啊。"

"问题在于我的甲状腺。"

"问题在于我的激素。"

他们实际上在说:"我在否认现实。"

我有个朋友总是抱怨他的消化问题,胃疼,总不舒服,尤其在饭后。我总是对他说:"你应该尝试植物性饮食。"我鼓励我爱的人都来尝试植物性饮食,我不希望看到朋友受苦,希望他能以最棒的状态活着。

当我进一步询问他"几乎全素"的饮食时,真相浮现了。

"你吃奶酪吗?"

"吃啊,我的最爱。"

"奶酪是消化系统的最大干扰物。"

"是吗?我看见奶酪就馋,会吃很多奶酪。"

"每天都吃吗?"

"是的,每天都吃,一天不止一次。"

"你这不是'几乎全素'。"

认出自己在否认现实是很关键的一步!首先,你要看到你的习惯很可能在妨碍你取得成效。其次,你要变得觉知,清醒地看到你在把什么食物喂进你的身体。只吃正确的食物,只吃正确的食量。

拒绝否认现实!要觉知!

18 第十八天的菜单

早餐：呼吸蔬果汁

最近的研究开始将注意力放在黄瓜上，因为黄瓜所含的某种木脂素能降低心血管疾病、乳腺癌、子宫癌、卵巢癌和前列腺癌的发病风险。新鲜黄瓜能抗击自由基，抗炎，抗氧化。黄瓜热量低，富含维生素C、β–胡萝卜素和锰。

原料：

4根芹菜茎
1根大黄瓜
2个柠檬去皮
1把菠菜

午餐：鹰嘴豆三明治

（见第七天的菜单）

晚餐：藜麦塔博勒沙拉

（见第十三天的菜单）

锻　炼

◎阻力训练：完成第196页的阻力训练项目。

第十九天

强大自己,强大别人

过去 18 天你的一切努力,连同这周你将要用到的意志力,都将带来不可思议的成果,为你,为你周围的人。

想象你在和朋友用餐,服务生过来问:"几位需要甜点吗?"你看着朋友说:"你需要吗?"朋友回答:"不,不需要了。"于是你说:"我也不需要了。"很简单吧?朋友不吃甜点,你也很容易不吃甜点。

但如果你的朋友说:"我要一份双层巧克力软糖蛋糕。"你很可能会和他分享。

因为人与人会相互影响!研究发现,如果你的朋友们很胖,你也会较胖。如果你能让自己变得更瘦、更健康,你的朋友们就会知道这是可以做到的,你的努力为他们树立了一个积极的榜样。在强大自己的过程中,你也强大了别人。

当你开始了积极的改变,你的朋友们会看到这些改变,看到你眼中的神采和希望，看到你步伐中的欢快，他们也会加入你的革命，他们会急切地问你："告诉我你是怎么做到的！"

因为我们会相互影响。虽然很多节食者一开始似乎不被周围人支持，但如果你坚持做出正确的饮食选择，即使你的朋友和家人一开始不能理解你，几周后，他们都会说："你真的在这么做呀？我也想和你一起做。"

在你改变自身习惯的过程中，你有意识的行为对你产生了深远影响，也对你的朋友、家人和爱人产生了深远影响。

19 第十九天的菜单

早餐：开心橘子汁

一份橘子汁就能补充一日所需的维生素 C，能预防感冒和心血管疾病，降低胆固醇，有益呼吸系统健康，预防类风湿性关节炎。

原料：

1 个葡萄柚去皮
2 个橘子去皮
1 个柠檬
半英寸姜

午餐：糙米和羽衣甘蓝

（见第九天的菜单）

晚餐：咖喱蔬菜

（见第六天的菜单）

锻　炼

◎有氧运动：做 30～45 分钟任意的有氧运动（可以从第十四章选择），再做 10～15 分钟伸展运动。

第二十天

用植物能量为你充电

到现在,你已深知水果、蔬菜和谷物带给你的变化。这些植物赋予我们生命能量,是地球给予我们的馈赠。植物在大地生长,沐浴着阳光,吸收着来自空气和土壤的能量。大自然的化学作用将阳光转变为食物能量,纯粹、天然而疗愈的能量将彻底改变你的生命体验。

肉类带给你的能量恐怕就没那么人道了,工厂饲养的动物过得郁闷而沮丧,最后被人杀死、吃掉。你的食物能量源头这么糟糕,你怎么可能状态上佳呢?

植物性饮食也有益地球、有益环境。许多一流环保组织表明,气候变化与肉类饮食有关。据美国环保协会研究,如果每个美国人每周少吃一顿鸡肉而改吃素食,二氧化碳减排量等于在美国的公路上少开50万辆车。

小小的改变就有大大的作用,为了你的身体,为了我们的地球,做出明智的选择吧。

选择健康，带着觉知吃植物，拒绝无意识地用加工食品填满你的屋子和盘子，你将重塑你的人生。

用植物能量给你的身体充电，这一举动必将使你受益无穷。

20 第二十天的菜单

早餐：瘦身蔬果汁

（见第二天的菜单）

午餐：藜麦扁豆沙拉

（见第一天的菜单）

晚餐：烤茄子和碎番茄粒

（见第五天的菜单）

锻　炼

◎阻力训练：完成第196页的阻力训练项目。

第二十一天

收获果实

你已经吃了三周植物,植物性饮食让你身心舒畅、容光焕发!

早晨醒来,你感觉更有精力了,午餐后你不再昏昏欲睡了,你以为永远穿不进去的衣服变得合身了,你甚至开始向周围人传播植物性饮食的价值。你猜怎样?他们在悉心聆听。为什么?因为他们看到了你的转变,你的红润亮泽,你的闪亮眼眸,你更多的热情、自信和能量。

你的生活方式都写在你的脸上。

过去,你无意识地吃着高盐的加工零食、含大量味精的外卖,早晨醒来,体内大量的钠让你的眼睛肿肿的。这些天,你拒绝了这些导致皮肤变差的食品,给自己均衡的植物营养,自然会眼眸有神、活力四射。

拒绝了动物食品,意味着你拒绝了会堵塞毛孔的饱和脂肪,你的皮肤变得更有光泽。水果、蔬菜中的丰富维生素和矿物质也有益皮肤健康。例如番茄中的番茄红素能保护皮肤免受阳光损伤,红薯中的维生素 C 能促进胶原蛋白生长，减少皱纹。

如果你喜欢你现在的样子——纤瘦的身材、容光焕发的肌肤，那么就将植物性饮食坚持到底吧，从内到外给自己最好的爱护。

第二十一天的菜单

早餐：鳄梨意式烤面包

没错，早餐就是意式烤面包！

原料：

1 个中等大小的番茄切碎

1/3 个鳄梨切碎

1/3 个小洋葱切丁

1 瓣大蒜切碎

2 汤匙柠檬汁

2 茶匙特级初榨橄榄油

1 茶匙意大利香醋

1 片新鲜罗勒叶切碎（或少许干罗勒叶片）

少许海盐

少许黑胡椒粉

2 片全素无麸面包片

1. 在混合碗里混合摇匀番茄、鳄梨、洋葱、大蒜、柠檬汁、橄榄油、香醋、罗勒叶、盐、黑胡椒粉。

2. 烘烤面包片，将混合物放在烤面包片上，可以吃了！

午餐：生核桃卷

（见第一天的菜单）

晚餐：甘蓝、红薯沙拉

（见第十一天的菜单）

21 第二十一天的菜单

锻　炼

◎有氧运动：做 30 ~ 45 分钟任意的有氧运动（可以从第十四章选择），再做 10 ~ 15 分钟伸展运动。

12

第二十二天：你最美人生的序幕

今天早上起床你感觉如何？我第一天就问过你这个问题，今天我还要问，因为今天也是第一天，你最美人生的第一天。

比起加入植物性饮食革命之前，你感觉你的身体进步了多少？强壮了多少？生机勃勃了吗？焕发新生了吗？

你做到了，你全身心地投入，一步步地真正看到自己的习惯。你拒绝否认现实，你创造了更新鲜、更健康的习惯，焕发新生。

祝贺你！我为你骄傲，你也应该为自己骄傲。今天，我希望你能想一想如何把这些习惯变成你未来长期的习惯。保持健康体重的关键不在于"节食"，而在于转变你对食物的理念。你不需要"剥夺"享受，每一天、每一餐给自己真正需要的食物，迎接最美、最幸福的生命吧。

22 第二十二天的菜单

早餐：大力水手果昔

将所有原料搅拌均匀：

1 把菠菜
1 根冷冻香蕉
1 汤匙杏仁黄油
2 勺植物蛋白粉
2 杯杏仁奶

午餐：西葫芦、胡萝卜、黄瓜沙拉

（见第四天的菜单）

晚餐：小扁豆沙拉

（见第六天的菜单）

锻　炼

◎阻力训练：完成第 196 页的阻力训练项目。

将革命进行到底

你成功了！想继续收获植物性饮食的好处吗？将革命进行到底吧！你不需要严格遵照菜单，你已经学到了植物性饮食的技能，它能帮助你保持健康的饮食，它已融入了你的新习惯，你学会了用专注、觉知和节制的态度对待食物。

现在呢？

- 继续吃植物，别吃那些不会变质的东西！
- 放纵一次要吸取教训，别继续放纵。
- 每天只吃三顿饭，别因为情绪原因吃东西。
- 坐下来慢慢地吃，给你的食物应有的关注。
- 家里储存充足的新鲜蔬菜水果，扔掉大批量采购的加工食品。
- 提前准备饭菜和零食,这样健康食物就和快餐一样快了。
- 早餐吃好，睡前别吃。
- 查看第十八章更多的植物性饮食革命食谱，为你和你爱的人烹饪美味诱人的植物。
- 记住，酒里的热量是没有营养的，请谨慎选择，饮酒适量，意识到它对你的体重和健康的影响。

第四部分

加大革命功率

让革命为你所用

13

优雅地应对挑战

改变不容易,没人敢说改变很容易!如果你想彻底转变、看到真正的效果,你就必须花时间真正完成植物性饮食革命。这意味着你必须应对来自内心的挑战、来自周围环境的挑战、来自朋友和家人的挑战。

我想对你说,你可以应对得来!你可以参加派对,你可以去餐厅,你可以把挑战看作学习的机会,即使偶尔犯错也没关系!每一餐都是一个吃植物的机会,每一个经历都是一次学习的机会,让你学会谨慎、逐步和有意识地做出更好的选择,实现你的健康目标。

植物性饮食派对

一旦你决定要改变习惯、减轻体重、变得健康,饭局邀约就来了。十个成人礼、两场婚礼、一个生日宴,度假和庆典都冒出来了,刚好在你决意改变的时候。生活就是这样。我总会说:"你知道吗,这些是来考验你的意志力的？"

无论计划参加什么社交活动，你一定要百分百投入革命！社交活动都是为他人而庆祝，为什么他人的庆典要妨碍你周密的革命计划呢？这些计划是促使你改变和成长的啊！没人非要你二选一，你可以参加派对、享受自己，只要把准备工作做好。

和大多数事情一样，在参加派对的同时坚持植物性饮食是一个策略问题。如果婚宴或晚宴上有很多诱惑人的食物，别饿着肚子赴宴就行了！提前在家吃点健康零食，抵达后，看看周围有什么相对健康的食物，只吃这些就好了。

记住，你去那里不是为了食物，而是为了人，为了社交，为了跳舞，所以尽情享受派对吧，别只想着吃！

如果晚宴是在朋友家里，更加随意，你可以提前给朋友打电话问问菜单是什么，主动提出带一道健康的植物菜肴赴宴。

当你带着鹰嘴豆泥和蔬菜沙拉抵达朋友家时，可要盯紧你的菜哦，不然其他客人们一看见就会一扫而光，比扫荡薯片还快。近在手边的健康食物是人人都想尝试的。

将革命带到餐厅

去朋友家赴宴你可以带去食物分享，但餐厅更愿意你选择他们的菜单。下面这些简单的做法能确保你在餐厅吃得健康而没有遗憾。

- 提前打电话或上网查看菜单，扫除一切疑问。
- 饥饿的时候不要去餐厅！饿着肚子点餐会导致你这顿饭吃撑。
- 寻找健康干净的食物，越接近天然的植物越好，比如新鲜沙拉、清炒或蒸制的蔬菜配菜、蔬菜汤和糙米。

- 要求沙拉酱汁或油、醋单独放置，加少许。
- 别吃白面粉和白糖做的东西。
- 拒绝油炸食品。
- 点一些新鲜水果作为甜点。

每一次跌跤都是一次学习的机会

走在人行道上，你的脚突然卡在石缝里，跌了一跤。虽然你跌了一跤，但你不会赌气躺地上不走了。你尖叫一声，四下张望有没有人看见你的糗样，通常没有。你想着："我好蠢啊，不过没关系。"你继续走路，刚刚不过是个小趔趄罢了。

节食也一样，如果你跌了一跤，如果你的意志力动摇了一会儿，掸掸灰尘继续走你的计划路线就好。

生活不是电视真人秀，不会有人把你隔离在某个农场里，像喂小鸟一样喂你营养食物。生活是自助餐，如果你看见布丁就想伸手拿来吃的话，你得学会把手放在口袋里。

为了取得革命的真正胜利，在22天里，在今后的每一天里，你都必须学会应对真实世界中频繁出现的挑战。那里不健康的食品泛滥，你一定会跌跤，跌了跤没关系，利用好它们。

每一次跌跤都是一次了解自己的机会：使你跌跤的是什么？你该如何微调策略？每一次差点跌跤也是一次了解自己的机会，如果你差点吃了巧克力蛋糕，挣扎了五次，终于没吃，祝贺你！想想是什么使你差点跌跤，下次该怎样避免。

一旦你学会了如何应对这些情形，如何在这些障碍物中从容前行，成功就近在咫尺了！

给自己正确的奖赏

当然,生活不只发生在家门外,还发生在家门内。

我有个朋友住在洛杉矶,表面上他拥有一切,红火的生意、花不完的钱、豪华的房子。这是一个成功的男人,一个令他人艳羡的男人,但我知道他依然感到不满意。

二十年来,他一直与体重问题对抗。超标的 40 磅体重压迫着他,令他痛苦不堪,给他的成功人生蒙上了一层阴影。无论他怎么努力,无论他通过节食减掉多少磅,最终他总是发现自己又回到了原点,肥胖,不快乐。

我帮着他一起反思、讨论,他终于意识到虽然他的早餐和午餐都能坚持植物性饮食,但在结束了漫长而高压的一天后,晚上回到家,他就觉得应该奖赏自己一顿大餐。

犒劳自己是好事,但得用好东西犒劳自己。如果他奖赏自己跑个步、按摩按摩,就万事大吉了。但他偏偏用食物奖赏自己。细想一下,其实每晚一块巧克力蛋糕并不是真正的奖赏,因为在最初三十秒的愉悦过后,内疚和悔恨便接踵而至。

他很内疚,因为他做了违背自己本心的事,他吃了不健康的食物,感觉很糟糕。而他控制不住,一遍遍重复这种想要逃离的内疚感。

我们聊了聊。

"你为什么要吃那些东西?"

"我饿啊。"

"你不是真的饿,是你回到家不想直接上床睡觉。"

原来,他喜欢回顾自己的一天,回顾自己哪里做对了,哪里做错了,怎样改进。接着,他就想在上床睡觉前好好放松一下。为了放松,他求助于食物,却祸害了自己。

我说:"为什么不换个方式放松?看本好书,找个安静的角落冥想,放空你的思绪,都可以啊。"

他认真想了想,说:"我从没这么考虑过,你是对的,我不是真的饿,我甚至不知道我为什么要吃那些东西,有半数时间我甚至不知道我在吃什么。如果你问我昨晚吃了什么,我肯定答不上来。"

我说:"所以这并不是奖赏。"

奖赏是特别的,是你能记住的,如果你想不起来吃了什么,它就绝对不是奖赏。

我的朋友意识到他需要一种更好的放松方式,一种真正的奖赏而非惩罚,一种更棒的归家仪式。

长谈后,他决定不再用吃东西来放松,而是给自己更多睡眠。回家后,他不再乱吃,而是洗把脸,对镜子里的自己说:"我做到了,又过了精彩的一天。"然后就上床睡觉。

一周后,他打电话给我,兴奋地告诉我他找到了,他终于找到了正确的奖赏!之所以是正确的,是因为更多的睡眠让他感觉特棒,这正是奖赏应该有的感觉。

当你在审视你的习惯、奖赏系统、压力应对方式和庆祝方式的时候,请确保你给自己的奖赏是真正的奖赏,是让你感觉特棒的奖赏!

14

健身革命

记得我小时候,我的叔叔保罗身体很健壮。他是警察,是我见过的最有肌肉的男人,肱二头肌超级发达。他也是我见过的第一个玩举重的男人,这让我明白了锻炼和身材是有关系的。他的健美身材给了我很大激励!他鼓励我加入当地的青少年警察项目,这样我就可以去他们的健身房锻炼。他给了我激励,也给了我途径,我的人生因此而不同。

当我有了自己的家庭后,我提醒自己要像叔叔那样做我孩子们的好榜样。生活就是这样,你所懂得的一切都是从某处学来的。你的榜样越清晰,你越清楚自己要做怎样的榜样,你的优先次序就越明确。

在你的生命中有那么一个激励你成长、学习和卓越的人吗?在你的生命中有那么一个让你充满骄傲、自豪地去激励的人吗?

看着一个人一天天身材变棒,这是习惯改变人生的见证。如果你的习惯带给你肥胖,如果你的习惯让你患上本可以预防的疾病,现在就行动起来!选一个英雄或者做别人的英雄,点燃你的灵魂之火,相信自己能做到!

我从小就喜欢运动，也很早就发现了营养的价值，但我很瘦，也没多少健身方面的榜样。看到我的叔叔那么健壮，这给了我活生生的例子，下一步就是搞清怎样练成叔叔那样，书籍和健身房的训练给了我答案。

我开始做仰卧起坐和俯卧撑，开始举哑铃。我变得越来越壮，更妙的是，我的小伙伴们都注意到了！

我还记得当时曾急切地等待学校的"校园挑战赛"召开，这是一年一度的全国校园体育大赛，我渴望夺得"校园健美大奖"。我每天练习俯卧撑、引体向上和游泳，我在不断进步。

我很快就成了朋友圈中的健身达人，我教他们怎样做俯卧撑，解答胖孩子关于如何减肥的问题。

我发现自己很喜欢这种分享知识、帮助别人的感觉，我决心学到更多知识，传递给更多人。

找时间，不找借口

你是找时间锻炼，还是找一大堆借口？忙不是不锻炼的理由！

我的客户弗兰克是个四十多岁的商人，多年来他忽视健康和身体，在亲眼见证他哥哥的成功案例后，终于决定尝试植物性饮食。弗兰克是个把工作视为生命的人，他的时间和精力都花在了工作上。他觉得去健身房、做任何愉悦自己的活动都会浪费工作的时间，而对于弗兰克，工作就是一切。

但这回，弗兰克同意全身心投入。虽然他"很忙"，需要保证"工作效率"，但还是承诺他要植物性饮食、锻炼两手抓。弗兰克言出必行，他百分百投入，找到了健身房私人教练开始了锻炼计划。

你猜怎样？效果出现了。弗兰克迷上了锻炼，22天后他减掉了15磅，身材、面貌和心情全都焕然一新！

更让人惊讶的是，弗兰克意识到，只工作、不锻炼的习惯并不能带给他最高的工作效率，植物性饮食和锻炼才能！新的生活方式让他的生意也更加蒸蒸日上，因为花在健康上的时间永远是值得的。

为什么锻炼很重要

锻炼的理由多到一天一夜讲不完，但我不想让你坐在那里听我讲锻炼的价值，我想让你站起来去锻炼！所以让我们快速浏览一下锻炼身体的惊人益处，然后你要穿上运动鞋，到户外去锻炼，呼吸新鲜空气，让植物性饮食的营养价值最大化。

锻炼能帮你：

减肥，增强自信，越来越性感。锻炼给你更多活力，你的皮肤更有光泽了，心情更好了，突然之间你浑身上下都洋溢着性感气息。肌肉线条美了，体重越来越轻了，你能不开心吗？

预防疾病，缓解症状。高血压、抑郁症、中风、某些癌症和关节炎，锻炼统统帮你预防，还能缓解你现有疾病的症状。

保持心脏健康。积极锻炼的人较少患上心血管疾病，即使不幸患上，也是在年纪较大的时候，而且不会太严重。

更加快乐。锻炼让你摆脱压力，提升内啡肽水平，减轻抑郁症，自信心大增。如果你想从愁眉苦脸变到喜笑颜开，就运动起来吧！

更加放松。谁说你必须躺下才能放松？锻炼是最高效、有益的放松形式，让你的大脑和身体平静下来。如果你习惯了躺在沙发上放松，试试在跑步机、瑜伽课和冲浪板上放松吧，你一整天都会精力更旺盛。锻炼时，你的心跳更快，血液输送更高效，更多氧气、维生素和矿物质被运送到身体各处。强健的心脏和肺让你爬再多楼梯都不怕，提再多新鲜蔬菜都不觉得费力。

保证骨骼健康。年纪越大,我们的骨质损失越多。积极的锻炼尤其是负重训练能帮助骨骼保持强健,避免骨质疏松症。

减肥不反弹。锻炼作为植物性饮食的支柱和补充,让你减肥不反弹。如果你想身材纤瘦,锻炼能帮你实现目标。如果你想保持身材,锻炼能帮你避免增重。锻炼强度越大,挑战自己的程度越高,你的减重效果就越显著!

植物性饮食革命锻炼方案

锻炼很重要!想要取得最佳瘦身效果,就不能不关注锻炼。就像植物需要水和阳光才能生长,人也需要正确的食物和正确的锻炼才能茁壮成长,哪个也不能偏废,饮食和锻炼要双管齐下。减肥不存在捷径,任何许诺你减肥捷径的人都是大骗子。

我不在乎你的锻炼用没用到高科技设备,我见过使用最少器械的人改变了他们的身体,也见过使用最高科技器械的人瘦身成效甚微。真正的成功需要你付出真实的努力!成功的关键在于持之以恒!

22 天锻炼常规

有氧运动:奇数日做有氧运动。

- 先做 30~45 分钟有氧运动,再做 10~15 分钟伸展运动。

阻力训练:偶数日做阻力训练。

- 新手:阻力训练第 1 项到第 7 项重复 10 次(分 3 组完成)。
- 中级程度:阻力训练第 1 项到第 7 项重复 15 次(分 4 组完成)。
- 高级程度:阻力训练第 1 项到第 7 项重复 25 次(分 4 组完成)。
- 挑战自己:100 个波比运动,200 个深蹲运动,300 个俯卧撑,4 个平板支撑(坚持 1 分钟),用的时间越短越好哦。

有氧运动

我建议你一周做三次有氧运动，每次做 30 ~ 45 分钟。有氧运动能增强心肺负载力，使心肺功能提高，降低疾病风险，提升心脏功能，使肺部和肌肉更强健，达到前所未有的身体素质。

当你做有氧运动时，沟通变得费力就对了。有氧运动帮助你燃烧热量，提升新陈代谢率，增强心肺功能。运动时出汗、心跳加速、气喘吁吁是好现象，说明你的锻炼是有效的。

下面是一些有效且有趣的有氧运动：

- 走路　● 慢跑　● 跑步　● 短跑
- 跳绳　● 骑自行车　● 游泳　● 划船

额外挑战：给自己计时！在越短时间内完成一套运动，能量燃烧越多，挑战越大。

阻力训练

自从我梦想着夺得"校园健美大奖"时起，我就爱上了阻力训练。我推荐给你的阻力训练非常简单易做，不需要任何器械。是的！你不需要健身房会员卡，不需要买什么昂贵的健身器械，只需要改变的意志力！

植物性饮食革命中，你将坚持一套简单、低科技的常规锻炼。做动作时，务必注意你的呼吸，做容易动作时吸气，做困难动作时呼气。

把锻炼培养为一种习惯，坚持下去，你的身体会越来越健康、美丽。

接下来介绍我最喜欢的几项阻力训练。

1

波比运动

波比运动是一项全身有氧运动,动作依次是站立、蹲下、俯卧撑、蹲下、站立,动作越流畅越好,是很有效的热身运动。

基本动作可分解为 5 个步骤:

1. 以站姿开始。
2. 蹲下,双手放在地上。
3. 将腿向后伸展成俯卧撑状,双臂伸展支撑身体。
4. 恢复下蹲姿势,双手放在地上。
5. 向上跳跃站起身,双臂向上伸展。

2

分腿蹲运动

分腿蹲是我最喜欢的下肢运动之一，锻炼股四头肌、腘绳肌、臀肌和核心肌群，增强身体平衡性和稳定性。

1. 两腿前后站立姿势，后腿放在一个凳子或箱子上，前腿向前伸展，前脚牢牢站稳。
2. 缓慢降低重心直到前大腿与地面平行，前脚放远一点，使膝盖在脚踝正上方。
3. 臀部向前向上，脚后跟用力，返回起始姿势。

· 小贴士：背部始终挺直。

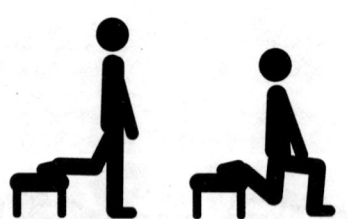

3

深蹲运动

深蹲是一项综合的全身运动,主要锻炼大腿肌肉以及臀肌、腘绳肌、髋关节和核心肌群。动作虽然简单,但一定要做到位,这样才能避免受伤,达到最佳效果。深蹲运动能使腿部强壮,要有意识地运动,不要让重力作用替你的肌肉工作!

1. 双脚牢牢站稳,与肩同宽(整套动作中双臂向前伸直,与地面平行)。
2. 吸气的同时臀部下蹲,直到大腿与地面平行,背部保持挺直。
3. 呼气的同时臀部向前,站起身返回起始姿势。

4

俯卧撑

俯卧撑是最常见的健美运动之一，也是身体素质的常见测量指标，主要锻炼胸肌、肱三头肌、肩袖肌群、核心肌群和前锯肌，增强肌肉耐力。

1. 以平板支撑的姿势开始（双手双脚与肩同宽，身体成一条直线）。
2. 吸气，肘部弯曲，身体向下，直到胸口轻微触地。
3. 呼气，恢复起始动作。

5

仰卧后撑

仰卧后撑是健身房里很受欢迎的阻力项目，主要锻炼肱三头肌、肩部、背部和颈部，塑造手臂后部和肩部的健美体形。

1. 双臂向后伸直，双手支撑在身后的长凳上。
2. 双腿向前伸出（若想增加难度，可搭在另一个长凳上）。
3. 弯曲手肘，身体向下，直到上臂与地面平行。
4. 肱三头肌用力，举起身体，返回初始位置，双臂完全伸直。

6

平板支撑

平板支撑能锻炼核心肌群,增强身体的平衡性和肌肉耐力。

1. 俯卧撑姿势,双臂在身体下方伸直。
2. 动作坚持 30 秒,核心肌群和手臂肌肉收缩。

·小贴士:新手可改为双肘弯曲支撑在地面。

7

侧平板支撑

侧平板支撑与平板支撑一样也能锻炼核心肌群,在增强身体平衡性和肌肉耐力方面更胜一筹。

1. 侧面躺下,双腿伸直。
2. 靠近地面的胳膊伸直,撑起身体。
3. 抬起臀部,身体伸直。
4. 保持姿势(30秒)。
5. 在另一侧重复动作。

· 小贴士:新手可改为肘部弯曲支撑在地面。

挑战自己吧！你完成常规锻炼需要多长时间？下一次，试着砍掉几分钟。利用计时器，提升挑战难度！

想试试更大的挑战吗？做100个波比运动，200个深蹲运动，300个俯卧撑，4个平板支撑（坚持1分钟），完成这套锻炼你需要多长时间？下一次试着更快完成！

利用植物蛋白质长肌肉

健身离不开营养,碳水化合物和脂肪为你提供能量,而植物蛋白质为你提供长肌肉的原料。

很多客户担心植物性饮食不能提供足够的蛋白质来长肌肉。相信我,植物性饮食有充足的蛋白质,而且比动物蛋白质更利于长肌肉。锻炼时肌肉会产生炎症,在恢复期身体为了恢复,需要消除炎症。而吃肉会使炎症恶化,身体不能快速恢复。植物性饮食没有这个缺点。而且,一项研究比较了乳清蛋白和大米蛋白,在促进肌肉生长方面,二者没有任何区别。

想要获得健美、强壮的肌肉,就吃更多植物吧!植物能使身体炎症最小化,炎症消失得越快,你就恢复得越快,就可以更快进入下一轮锻炼。因此,许多参加长距离、激烈比赛(例如铁人三项赛)的运动员会选择植物性饮食来实现最优化的训练效果。

我的客户罗伯特是名学生也是一位职业铁人三项运动员,他希望有所突破,于是决定尝试植物性饮食革命。一天之内,他的消化功能就得到了改善,睡眠质量也提高了,这让他信心倍增!一周之内,他训练后恢复时间缩短了,体力更加持久。到了第二十二天,他决定必须跟家人、朋友分享这种新的生活方式。(当然,竞争对手除外)

植物性饮食革命度假

带着植物性饮食革命一起度假!度假不等于你可以放纵饮食、停止锻炼,恰恰相反,度假给了你充足的时间和空间来放松、重塑自己。继续保持新的习惯,尝试新的锻炼种类,将锻炼项目融入度假计划中。

提前考虑你要选择哪里作为度假目的地，考量那里是否适于锻炼，比如选择适合跑步、骑车或瑜伽的度假目的地。

选择有健身设施的旅馆。 出差或游玩时，选择一家适合健身人士的旅馆，方便你随时锻炼。很多旅馆有健身房、瑜伽室和出租自行车服务。

去国家公园吧！ 如果你喜欢远足、骑单车且自主性强，可以考虑去国家公园探险哦。在美国，你甚至可以买一本国家公园护照，每去一个新的国家公园就能盖一个章！

单车游走起！ 单车爱好者可以沿着美国众多的 Rails-to-Trails 线路骑行，登录 www.railstotrails.org，这个网站能帮你计算每日行程，找到沿途古雅别致的住宿地。

学一门新技艺。 你尝试过立式单桨划船、冲浪、潜水、瑜伽、打网球吗？这些运动将锻炼与乐趣融为了一体。试着培养一个新爱好吧，投入一周时间，你一定能学得有模有样。

加入爱好健身的旅行团。 如果你喜欢报团游，就选择一个爱好健身的旅行团吧。有骑行团、瑜伽团、远足团、深潜团，应有尽有，选择一个价格合适的几日游团，不仅玩得开心，还能精进技艺，身材更健美！

15

减肥快速化

地球上每个人都能从植物性饮食中获益。身材匀称的你可以收获植物性饮食的健康价值,超重30磅的你可以借助快速化瘦身方案迅速摆脱多余体重,向不健康的饮食习惯说不。植物性饮食是减肥不反弹的最佳途径。

在进入快速化方案之前,我们先来关注一下超重的定义。"超重"和"肥胖"这两个词很常用,二者有区别吗?根据美国疾病控制中心的说法,如果你"超重",意味着你超出了该身高的标准体重,超额的体重可能来自脂肪、肌肉、骨骼、水分或它们的集合;如果你"肥胖",意味着你的身体脂肪超标。超重和肥胖都是因为过去一段时期内摄入食物太多,摄入的热量比消耗的热量多。

要想减肥,必须减少摄入的热量,增加消耗的热量,最好持续一段较长时期。在追求效果立竿见影的当今,花时间做某事似乎令人望而生畏。但如果你想得到真正持久的改变,付出努力是必须的。

快速化瘦身方案要求你少吃多动,你要知道体重是一磅一磅涨起来的,也要一磅一磅减下去。你的体重越超标，减掉它所需的时间就越长。大幅度的减肥需要投入！你有 30 磅、50 磅、100 磅的体重要减，要知道这一定会是一个长时间的过程。所以我要你投入！拥抱艰辛，全力付出！

你越努力，就越投入，就越快达到目标，就越可能持续下去。

我们习惯于关注风险与回报的关系。如果我们冒了风险，比如决定做出某个巨大的人生改变，需要投入很多精力和专注，我们就必定想看到回报。所以如果你决定要减掉 50 磅，花了一两周时间尝试截然不同的饮食习惯，那么体重掉得越快，你就越有动力坚持下去。

想减掉 30 磅以上的体重，需要你百分之百的投入。减 5 磅、10 磅容易，即使一周只减一两磅，也能很快完成目标。减掉 30 磅以上需要更多时间和更多努力，但回报也是巨大的，你的精力将大大提升，自信心会猛涨。相信我，回报一定让你满意！

快速化瘦身方案需要你的全力参与！我想要你看到回报，如此才能保持动力。我不想让你辛苦了两周，发现回报达不到你的预期，感到幻灭！

想要收获显著的结果，就要全力投入、付出！

如何快速化

菜单快速化

用果昔代替早晚餐。如果你想更多挑战自己，如果你需要减掉 30 磅以上，就一周数次用果昔代替早餐或晚餐吧！（第十七章有我最爱的果昔组合哦。）为什么代替早餐和晚餐呢？因为午餐时人们最容易坚持健康饮食，晚餐时最容易大吃大喝，早餐则是最容易略过不吃的，进而导致午餐、晚餐吃得太多。

把植物营养蛋白粉加入果昔，或者把植物蛋白棒当作一份快餐，二者都富含蛋白质，滋味令人满足。如果你决定执行快速化方案，就定下来要代替早餐还是晚餐，按照计划严格实施！

如果你需要减掉50磅以上，就要搭配更"激进"的手段。一周至少4次用蔬菜汁代替晚餐吧！早餐喝一杯果昔，午餐遵照植物性饮食革命菜单，晚餐喝一杯蔬菜汁，有氧运动30～45分钟，你就等着见证一天减1磅的奇迹吧！

晚餐少吃碳水化合物。你已经知道，植物性饮食革命意味着拥抱碳水化合物，将80∶10∶10的碳水化合物、蛋白质和脂肪比作为目标。但如果你需要减掉大量体重，最好把碳水化合物密度高的食物放在午餐吃，别在晚餐吃。这样夜间你的身体就不得不使用储存的脂肪来消化食物、修复组织，不能用吃进去的碳水化合物燃料了。

间歇性禁食。你需要减掉50磅以上？试试间歇性禁食吧！我们平时就会偶尔略过一餐或者大半天不吃东西。你睡觉时就在禁食啊，所以早餐才叫"break-fast"（打破禁食）嘛。间歇性禁食只不过延长了你的禁食时间而已。八十多年来，医生和科学家们探索了通过偶尔禁食降低热量摄取的健康益处。简而言之，不用害怕偶尔略过一餐，少摄取一点热量好处多多。在执行任何其他瘦身方案前请先咨询医生。

瘦身快速化

有氧运动：快速减肥必须增加有氧锻炼，利用好本书"健身革命"章节，确保每周六天、每天45～60分钟有氧运动，即使散会儿步也可以哦！

做好计划，坚持下去：我的客户们经常抱怨很难在繁忙的日程中抽出时间坚持去健身房。我喜欢在早晨锻炼，因为早晨锻炼比较容易坚持，只要起得早一些就行了，下午或晚上锻炼就很容易被其他事务干扰。想做到坚持锻炼很简单，早起一小时吧！

锻炼强度很重要：最能快速见到瘦身效果的办法是强化锻炼强度，短时间、高强度的锻炼是最有效的。快速完成锻炼任务，中间少休息，集中锻炼各个肌肉组，请参考本书"健身革命"章节。

第五部分

一生的革命

22天后的菜单与动力

16

22天之后

  一旦你习惯了植物性饮食，就无须再考虑节食问题了。植物性饮食革命的难点在于从无意识吃加工食品的饮食习惯，转变为有意识植物性饮食的习惯。一旦习惯养成，接下来的旅程就容易了。这是因为天然的食物最了解你。你的肠胃会很舒服，一日三餐你不需要计算热量或营养素，因为菜单本身就是营养、热量均衡的。你的身体会慢慢适应食用正确食量的感觉。

  植物性饮食革命胜利结束后，你要准备好进入下一个阶段；同时，你的一日三餐依然不需要计算热量或营养素。一旦你的习惯已经转变，种类丰富的植物将自然而然地满足80∶10∶10的均衡营养。关注肠胃的感觉，你会自然而然地做到食不过饱。可持续的减重将不请自来！

  你还可以根据自己的饮食喜好适当调整菜单。有的人会长期坚持植物性饮食，因为他们想要长期收获植物性饮食的益处；有的人会选择食用植物、鱼和瘦肉；有的人随心情随时开启植物性饮食模式，为了让自己感觉棒棒的！

想要好的结果，做出好的选择

你认识的人里有没有一些人一年中反复地减肥？10磅减了10次？体重不断反弹说明他们的减肥方法不可持续。我们想要的不是一遍又一遍地减掉10磅又长回10磅，我们想要的是培养一种可以使减肥持续化的习惯。22天里，你吃到了最健康的植物。今天，你需要做一个选择：明天要怎么做？

你想要可持续的结果吗？还是你想回归到过去的做法？

爱因斯坦说：疯狂就是重复做同样的事，但期待不同的结果。为什么你过去的节食让你减不了肥？为什么体重减掉了又会反弹？因为你重复犯同一个错误，你没有坚持，时断时续，当然没有效果。行为导致结果。你过去的做法对你有助益吗？如果没有，你应该找个更好的做法。

这一次，换一种做法，全身心地接纳新的健康习惯，将植物性饮食革命持续下去，你就能看到可持续的结果。当内心那种犯错的欲望又在蠢蠢欲动时，你会立刻注意到，因为你现在已经能体察到身体的细微感受了。你会提醒自己："以前我总是在这里做出错误的选择。"

于是你会坚持下去，不犯错，因为健康和快乐就在前方。

17

无比美妙的果昔

果昔是很棒的早餐,如果你想快速减肥(参见第十五章)或者采用植物性饮食保持苗条身材,偶尔用果昔代替某一餐也不错哦!

以下每种组合,在搅拌机里混合所有原料,搅拌至均匀。

瘦身蔬菜果昔

4 片羽衣甘蓝　　　　　1 把菠菜　　　　　　1 根冷冻香蕉
2 个青苹果　　　　　　1 个柠檬榨汁

大力水手蛋白质果昔

1 把菠菜　　　　　　　1 根冷冻香蕉　　　　1 汤匙杏仁黄油
2 勺植物蛋白粉　　　　2 杯杏仁奶

丛林健身果昔

2 勺巧克力味植物蛋白粉　　2 杯杏仁奶　　　　1 根冷冻香蕉

新生能量果昔

2 勺香草味植物蛋白粉　　2 杯椰子水　　1 杯冷冻蓝莓
▲1 汤匙亚麻籽油

绿色动力果昔

2 勺香草味植物蛋白粉　　少许羽衣甘蓝　　1 把菠菜
1 根冷冻香蕉　　　　　　3 个去核的枣　　2 杯杏仁奶

巧克力之梦果昔

2 勺巧克力味植物蛋白粉　　2 杯巧克力味杏仁奶　　1 汤匙杏仁黄油
1 杯冰块

绿色觉醒果昔

2 勺香草味植物蛋白粉　　2 杯杏仁奶　　1 把菠菜
1 根冷冻香蕉　　　　　　1 汤匙杏仁黄油

热带力量果昔

2 勺香草味植物蛋白粉　　2 杯杏仁奶　　半杯冷冻芒果
半杯冷冻桃子

回味无穷果昔

2 勺巧克力味植物蛋白粉　　2 杯杏仁奶　　1 根冷冻香蕉
6 片全素全麦饼干（或半杯自制即食麦片）

橘子果昔

2 勺香草味植物蛋白粉　　2 杯香草味杏仁奶　　1 根冷冻香蕉
半个冷冻橘子

花生酱香蕉果昔

2 勺植物蛋白粉　　2 杯杏仁奶　　1 根冷冻香蕉
2 个去核的枣　　1 汤匙花生酱　　1 汤匙奇亚籽

创意想象果昔

  2 勺植物蛋白粉　　　　　　2 杯你喜欢的牛奶替代品（包括水与椰子水）

  2 杯绿叶蔬菜　　　　　　　2 杯冷冻水果

活力蛋白质果昔

  2 勺巧克力味植物蛋白粉　　2 杯杏仁奶

  1 根冷冻香蕉　　　　　　　1 汤匙葵花籽黄油

18

更多革命美味

植物性饮食革命之后，你已经习惯了用新鲜蔬果装满你的食品柜，你已经体验了植物性饮食是多么令人满足，你还想将革命继续下去。所以在这里我汇集了我家爱吃的一些经典饭菜，从燕麦粥到自制杏仁奶，从三明治到泰式炒粉……希望带给你灵感！

无论早餐、午餐、晚餐还是零食，植物性饮食是那么健康又可口。这些食谱是我的最爱，赶快来试试吧！

早餐

肉桂苹果燕麦粥

1 人份

原料:

半杯干燕麦

半个富士苹果去皮切丁

2/3 杯杏仁奶

1/3 杯水

1 汤匙杏仁黄油

▲ 1 茶匙亚麻籽粉

▲ 4 个杏仁切碎

少许肉桂

1. 在锅里放入杏仁奶、水、杏仁黄油、切碎的杏仁、燕麦,中小火炖煮,频繁搅拌。

2. 当燕麦变稠时,加入切丁的苹果,搅拌数次。

3. 关火,盛到碗里。

4. 撒少许亚麻籽粉和肉桂。

早餐

什锦果蔬燕麦片

8 人份

原料：

4 杯无麸麦片

半杯干蔓越莓

1/3 杯葡萄干

1/3 杯葵花籽

▲ 1/3 杯南瓜籽

▲ 1/3 杯杏仁切碎

1/4 杯核桃切碎

▲ 1/4 杯腰果切碎

半茶匙肉桂粉

1. 烤箱预热到 180℃。

2. 将燕麦放在烤盘上，烘烤 5 分钟，或直到变金黄。

3. 取出冷却。

4. 在大号混合碗里混合所有原料，放入密封容器储存待食。

5. 配上坚果奶、新鲜水果、亚麻籽粉吃更美味。

早餐

杏仁奶

杏仁奶是我们很常用的原料,它在大量食谱中出现,包括我们作为早餐的燕麦粥。在试过各种各样品牌的杏仁奶之后,我决定自己动手制作杏仁奶。结果我超享受这个过程!浪费更少,添加剂更少,糖分更少,有益地球,最重要的是,孩子们超级喜欢!

工具:

滤布袋或纱布
搅拌机
大碗

原料:

▲ 2 杯生杏仁
7 杯水
2 个甜枣去核或 2 汤匙有机枫糖浆
1 个香草豆切碎或 1 茶匙香草精
少许细海盐提味

1. 将生杏仁放在碗里,加水浸泡一夜(8~12 小时)。

2. 冲净杏仁,放入搅拌机,加入其他原料(包括水)。

3. 以最高速搅拌直到均匀(约 1.5 分钟)。

4. 把混合物倒进滤布袋里,放在碗上。

5. 拧布袋,使杏仁奶漏到碗里,一直拧到全部杏仁奶漏下去。

6. 将杏仁奶倒入玻璃罐,可在冰箱冷藏 5 天。静置会有沉淀,使用前需摇匀。

7. 大胆实验,发现你最爱的配方吧!

午餐和晚餐

比金枪鱼还好吃的沙拉

6人份

原料：

▲ 1 杯生杏仁
2 根芹菜茎
1 瓣大蒜切碎（也可不加）
2 汤匙全素蛋黄酱
1 汤匙新鲜柠檬汁
1 茶匙芥末
少许海盐
少许黑胡椒粉

1. 杏仁在水里浸泡一夜，冲洗滤干。

2. 将杏仁放入搅拌机，切碎，放入混合碗。

3. 加入其他原料，摇匀。

4. 将混合物放在一层蔬菜上（比如菠菜、甘蓝、长叶生菜），大功告成！

5. 还可将混合物包在生菜叶里或全素面包里，配着番茄、鳄梨吃。

午餐和晚餐

佛碗

2~3人份

原料:

1棵西兰花

1棵白菜花

2片羽衣甘蓝

1.5杯煮好的鹰嘴豆或你喜欢的豆类

1杯煮好的糙米或藜麦

1个小番茄

2汤匙芝麻酱

1个柠檬

1茶匙营养酵母

少许盐和黑胡椒粉

1. 轻蒸西兰花、白菜花和羽衣甘蓝。

2. 将蒸好的蔬菜盛碗,一旁放置1份煮好的谷物,放入鹰嘴豆和番茄。

3. 洒上芝麻酱汁(2汤匙芝麻酱加1个柠檬榨汁),撒少许盐、黑胡椒粉和营养酵母提味。

午餐和晚餐

全素泰式炒粉

2 人份

原料：

1 个中等大小的西葫芦切片

2 根大胡萝卜切丝

1 个红椒切片

3 个绿洋葱切片

1 个蒸好的西兰花

1 杯绿豆芽

调味料：

1 瓣大蒜切碎

1/4 杯杏仁黄油

1 个酸橙

2 汤匙椰子酱油（或低钠酱油）

2 汤匙枫糖浆

1 茶匙姜磨碎

2 汤匙水

半汤匙麻油

1 汤匙脱壳的大麻籽

1 汤匙芝麻

1. 将所有原料放入混合碗，摇匀。

2. 将所有调味料在搅拌机里混合（或用手搅拌均匀）。

3. 将调味料洒在蔬菜上，撒少许芝麻和大麻籽。

西葫芦炒松仁、罗勒叶

2～3人份

原料：

3个大西葫芦切片
3汤匙松仁
半汤匙冷榨橄榄油
4片新鲜罗勒叶
2瓣大蒜切碎
1汤匙刺山柑
1汤匙意大利香醋
少许盐和黑胡椒粉

1. 在大号煎锅或平底锅里中火加热1汤匙橄榄油，放入西葫芦炒至金棕色（可能要分两次炒完）。
2. 在大号混合碗里混合其他原料，留1片罗勒叶作为装饰。
3. 将混合物倒入平底锅，与西葫芦一起翻炒1分钟，盛盘。
4. 撒少许切碎的罗勒叶、盐和黑胡椒粉。

午餐和晚餐

烘烤鹰嘴豆配绿叶菜

2 人份

原料:

2 杯煮好的鹰嘴豆

2 茶匙椰子酱油

1 汤匙意大利香醋

半茶匙牛至

半茶匙迷迭香

半茶匙枫糖浆

3 杯任选的绿叶蔬菜

半个鳄梨切丁

1 个小番茄

1. 烤箱预热到 190℃。

2. 在混合碗里混合所有原料。

3. 将所有原料放入烤盘,烘烤 20 分钟,搅拌几次。

4. 当鹰嘴豆变金黄、变干时,取出。

5. 将鹰嘴豆放在一层绿叶蔬菜上,配上切碎的鳄梨、番茄。

午餐和晚餐

咖喱土豆白菜花

6 人份

原料:

1 棵白菜花（切成一口大小的块状）

2 个中等大小的土豆切丁

1 个洋葱切碎

2 个意式番茄切碎

2 汤匙椰子油

1 茶匙大蒜切碎

半茶匙香菜

半茶匙姜黄

1 汤匙孜然

1/4 茶匙姜粉

1/4 茶匙肉桂

1/4 茶匙辣椒粉（或按个人口味增减）

半茶匙海盐

1. 用中号平底锅中火热油。

2. 加入洋葱、大蒜、香菜、姜黄、孜然、姜粉、肉桂、辣椒粉、海盐。

3. 炒 1 分钟，或炒至洋葱略呈褐色。

4. 加入土豆，盖上锅盖煮 7~10 分钟。

5. 加入白菜花，调为小火，盖上锅盖，偶尔搅拌，煮 10 分钟，或直到白菜花和土豆变软。

6. 加入切碎的番茄，盛盘。

午餐和晚餐

鳄梨生核桃碎

4 人份

原料：

2 个鳄梨切半（不去皮）

核桃碎：

2 杯核桃

1.5 汤匙孜然

1 汤匙香菜

2 汤匙意大利香醋

1 汤匙椰子酱油

少许甜椒粉

少许大蒜粉

少许黑胡椒粉

配菜：

半品脱小番茄

半汤匙干欧芹片

少许黑胡椒粉

少许海盐

1 个酸橙

1. 将核桃碎的所有原料放入搅拌机。

2. 搅拌数次，直至松脆，但不要搅拌过度。

3. 将核桃碎放在鳄梨上面（均匀分配 4 等份）。

4. 番茄切碎作为配菜。

5. 配上欧芹、黑胡椒粉、海盐和酸橙汁。

午餐和晚餐

藜麦芸豆沙拉

3～4 人份

原料：

▲ 1 杯藜麦
1 杯芸豆
1 个小号红洋葱切碎
1 茶匙孜然
1 茶匙香菜
1 根胡萝卜切丝
半茶匙细海盐
少许黑胡椒粉
2 个柠檬榨汁
2 汤匙特级初榨橄榄油

1. 用细筛冲洗 1 杯藜麦，滤干，放入中号锅里。

2. 加入 2 杯水、少许盐，煮沸，转小火炖煮，直到水被吸收，藜麦变松软（15～20 分钟）。

3. 将冷却的藜麦放入混合碗，加入芸豆、洋葱、胡萝卜。

4. 在另一个碗里混合柠檬汁、橄榄油、孜然、香菜、海盐、黑胡椒粉。

5. 将调料汁倒入藜麦，摇匀。

午餐和晚餐

鹰嘴豆卷

2～4 人份

原料：

1 棵奶油生菜

1 杯煮好的鹰嘴豆捣烂

4 茶匙芝麻酱

2 个柠檬榨汁

1 茶匙椰子酱油

半汤匙孜然

1/4 杯芹菜切丁

1 汤匙欧芹

少许海盐和黑胡椒粉

1. 在混合碗里混合所有原料（除了鹰嘴豆和奶油生菜），搅拌均匀。

2. 加入鹰嘴豆，拌匀。

3. 将鹰嘴豆包在生菜里，卷成一个小卷。

午餐和晚餐

自制鹰嘴豆泥

我家去参加派对时,总会带一大盘鹰嘴豆泥和蔬菜,它们比薯片还受欢迎。也许食客们不知道,他们吃到的新鲜爽脆的芹菜可以治疗风湿性关节痛,有助于放松和睡眠,所含的大量纤维能帮助排便规律,缓解肠积气。芹菜中的化学物质能缓解关节炎症状,降低血压和血糖,放松肌肉。脆脆的黄瓜每吃一口都有很多健康益处。这才是给力的派对食物!

原料:

2 杯煮好的鹰嘴豆(或 1 杯干鹰嘴豆)

1/4 杯鹰嘴豆水(如果选用罐装鹰嘴豆,将它冲洗并滤干,从罐中倒出 1/4 杯鹰嘴豆水)

4 汤匙柠檬汁

1 汤匙芝麻酱

1/4 茶匙海盐,或依个人口味添加

少许甜椒粉

4 根芹菜茎

1 捆小胡萝卜

1 根大黄瓜

鹰嘴豆的做法:

1. 1 杯干鹰嘴豆加 4 杯水浸泡一夜以缩短烹饪时间,或将干鹰嘴豆加适量水煮开 2 分钟,关火放置 1~2 小时。
2. 冲洗,滤干,加 3 杯水继续炖煮。
3. 煮开,转小火炖煮,盖上盖子,撇去泡沫,偶尔搅拌(提前浸泡过的豆子需要大约 1 小时)。
4. 煮到鹰嘴豆变软。
5. 冲洗,滤干,冷却(煮好的鹰嘴豆约为 2 杯)。可用冰箱冷藏数日,冷冻 6 个月。

午餐和晚餐

鹰嘴豆泥的做法：

1. 将所有原料放入搅拌机，除了鹰嘴豆水。
2. 搅拌均匀，每次加入 1 汤匙鹰嘴豆水，直到稠度适宜。
3. 盛碗，撒少许甜椒粉。

面包和甜点

玛丽莲的胡萝卜糖霜面包

我喜欢为家人和朋友烹饪新鲜的食物,但我更喜欢我的妻子玛丽莲和孩子们加入进来,一家人一起做饭。看玛丽莲做饭是一种享受,因为她天生就有化食材为美味的天赋,品尝过她做的美食的人都渴望获得她的食谱。

原料:

1 杯胡萝卜磨碎

3/4 杯加糖的香草味杏仁奶

半杯枫糖浆(想再甜一点,就再加 1 汤匙)

1 汤匙温椰子油或芥花油(也可不加)

2 汤匙苹果酱

1 茶匙香草精

半茶匙苹果醋

半杯糙米粉

▲ 半杯无麸燕麦粉

1/4 杯木薯粉

1/4 杯葛根粉

▲ 半杯杏仁粉

▲ 1 汤匙亚麻籽粉

1 汤匙奇亚籽粉

2 茶匙发酵粉

半茶匙小苏打

1 茶匙肉桂粉

1/8 茶匙海盐

1/4 杯核桃切碎(也可不加)

糖霜原料:

▲ 1 杯生腰果(或澳洲坚果)浸泡、冲洗、滤干

1 茶匙柠檬汁

2 汤匙枫糖浆(想更甜一些可加量)

面包和甜点

1/4 杯加糖的香草味杏仁奶

糖霜的做法：

用搅拌机搅匀所有原料，加适量水，放入冰箱冷藏备用。

面包的做法：

1. 烤箱预热到180℃，涂一些油在长条烤盘（8英寸×4英寸）里或圆形烤盘（8英寸）里。
2. 在碗里混合杏仁奶、枫糖浆、油、苹果酱、香草精、苹果醋，放在一旁备用。如果使用椰子油，要确保湿原料均为室温，避免椰子油硬化。
3. 在另一个碗里搅匀无麸混合面粉、杏仁粉、亚麻籽粉、奇亚籽粉、发酵粉、小苏打、肉桂粉、盐。
4. 将湿原料倒入干原料，搅拌均匀，加入胡萝卜、核桃（或其他自选坚果）搅匀。
5. 将面团放入铺有烤盘纸的烤盘，烘烤约50分钟，或将小刀插入面包中央，能干净取出。将面包从烤箱中取出，使其完全冷却（至少1小时），切成约12片，盛盘。
6. 如果使用蛋糕烤盘，则烘烤40～45分钟，取出，完全冷却，撒上糖霜，切片。
7. 吃不完的面包（通常在我家不会发生）可以放在密封容器里室温储存数日，冰箱冷藏1周，冷冻数月。每片面包应单独用塑料冷冻包装或烤盘纸包起来，装入冷冻袋。
8. 早餐吃一两片，也可以当零食吃。这道胡萝卜面包既简单健康，又营养美味。口味想再清淡些的话，去掉核桃，糖霜少撒一点。你也可以用这个配方尝试其他花样。我用这个配方还做了胡萝卜松糕、西葫芦面包，尽情发挥你的创意吧！

面包和甜点

玛丽莲的爱心杂粮面包

无麸面包怎么会这么好吃？因为把好多种面粉按特定比例混合在一起就变得好吃啦！这个面包是玛丽莲的特别配方，有藜麦粉、糙米粉和无麸燕麦粉等，自己试试看有什么特别之处！

原料：

1 杯温水

2.5 茶匙干酵母

2 茶匙原蔗糖

1 杯未加糖的温杏仁奶

1 汤匙芥花油（或耐高温红花籽油）

2 茶匙苹果醋

▲1 杯藜麦粉

半杯糙米粉

▲半杯无麸燕麦粉

半杯葛根粉

半杯木薯粉

2 汤匙杏仁粉

4 汤匙奇亚籽粉

▲1 汤匙亚麻籽粉

1 茶匙海盐

▲2 汤匙南瓜籽（也可不加）

2 汤匙葵花籽（也可不加）

1. 在碗里混合温水、干酵母、糖，让它起泡沫 5～10 分钟，然后加入温杏仁奶、油、苹果醋，放在一旁备用。

2. 在另一个碗里混合摇匀所有干原料。

3. 将湿原料倒入干原料，搅拌均匀，加入南瓜籽、葵花籽（或其他自选

面包和甜点

的种子/坚果）搅匀。

4. 将面团放入长条烤盘，用勺子背面轻轻压平面团顶部，可以在上面撒些无麸燕麦或种子。

5. 用干净的布或保鲜膜盖在烤盘上，放置约45分钟，让面团膨胀。30分钟时揭掉布或保鲜膜，让它充分膨胀。

6. 烤箱预热到180℃。

7. 面包烘烤约50分钟。

8. 取出，完全冷却，切成约14片。

9. 吃不完的面包放入密封容器室温储存数日，冰箱冷藏1周，冷冻4～6个月。每片面包应单独用塑料冷冻包装或烤盘纸包起来，装入冷冻袋。

10. 这道爱心面包怎么吃都可以，可以当作早餐，抹一点杏仁黄油吃，也可以配着蓝莓和新鲜果汁吃，还可以做成三明治，夹着你最爱的鳄梨、鹰嘴豆泥、烤茄子吃，或者做成全素汉堡，夹着番茄、生菜吃。尽情享用吧！

面包和甜点

玛丽莲的迷你巧克力豆松糕

孩子们特别爱吃这道甜点，我最喜欢它的地方是它既能满足甜食瘾，又有益健康，是一道美味的零食，为你和你的宝贝准备。

原料：

▲ 1 杯无麸燕麦粉
▲ 半杯杏仁粉
半杯小米粉（或更多杏仁粉）
4 汤匙亚麻籽粉（或奇亚籽粉）
半茶匙小苏打
少许肉桂
半杯加糖的香草味温杏仁奶
5 汤匙枫糖浆
3 汤匙苹果酱
1 汤匙温椰子油（或芥花油）
2 茶匙苹果醋
1 茶匙香草精
1/4 杯全素巧克力豆

1. 烤箱预热到160℃，在迷你烤盘或松糕纸杯上轻涂一层油。

2. 在碗里搅匀所有干原料。

3. 在另一个碗里搅匀所有湿原料，确保湿原料为室温，避免椰子油硬化。

4. 将湿原料倒入干原料，搅拌均匀至黏稠，倒入巧克力豆。

5. 将糊状物均等倒入12个迷你松糕纸杯里，上面放一些巧克力豆（也可不放）。

6. 烘烤约30分钟，或直到将小刀插入松糕中能干净取出。从烤箱中取出冷却，放在金属丝架上使其完全冷却。

面包和甜点

7. 将松糕放入密封容器或保鲜膜，室温可存放数日，冷藏可存放 1 周，冷冻可存放数月。

8. 附加选项：加 2 汤匙可可粉到干原料，加 2 汤匙枫糖浆到湿原料，味道更佳。

9. 一道健康滋养的轻早餐或零食，大功告成！

结束语

开始你的革命，就在今天！

改变是可能的，改变是持续的，改变需要有个起点。我希望阅读这本书使你的起点就在此地、此刻、今天。因为你可以重塑自己，提升生命品质，在每一天都感觉无与伦比！

我已经见证过无数次，无论你是谁，无论你此刻健康状况如何，无论你此刻饮食习惯如何，只要你想改变，你就可以改变！你只需下决心去做，坚信自己可以做到。做到什么呢？做到吃植物！你已经了解了相关科学知识、别人的成功案例以及22天的菜单，还等什么呢？

现在就实现从想到做、从梦想到实现、从设想成功到迈出成功的第一步吧！

我撰写这本书，因为我无比确信植物性饮食将彻底改变你的人生，你将更快乐、更有活力，活得更有意义。试试吧，试着吃一餐、三餐……一天又一天，完成植物性饮食革命，体验成功的滋味！

给自己一个改变的机会吧，你值得拥有！

附 录

关键维生素列表

维生素 A：维生素 A 有助于眼睛、牙齿、骨骼和皮肤健康。在深色多叶蔬菜、红薯、胡萝卜、红椒、哈密瓜和深橘色水果中含量丰富。

维生素 B_2：维生素 B_2 也叫核黄素，有助于新陈代谢、视力和皮肤健康。在绿叶蔬菜和全麦谷物中含量丰富。

维生素 B_{12}：维生素 B_{12} 有助于新细胞的生长和神经系统的正常运转。一般不见于植物性饮食中。

维生素 C：维生素 C 也叫抗坏血酸，有助于伤口愈合、牙齿牙龈健康、蛋白质的新陈代谢、免疫系统健康和铁的吸收。在卷心菜、土豆、白菜花、甜椒、柑橘类水果、猕猴桃、芒果和草莓中含量丰富。

维生素 D：维生素 D 有助于骨骼和牙齿健康。每天晒太阳 15 分钟，身体就能生成维生素 D！食用蘑菇也能补充维生素 D。记住，你的身体同样需要维生素 D 来吸收钙。如果你不确定你的每日摄入量是否充足，请咨询医生或者寻求植物性的补充剂。

维生素 E：维生素 E 帮助生产血红细胞。在绿叶蔬菜、全麦谷物、鳄梨、西兰花、芦笋、木瓜、种子和坚果中含量丰富。

维生素 K：维生素 K 有助于凝血，参与钙的代谢，增强骨骼。在卷心菜、白菜花和所有绿色蔬菜中含量丰富。

生物素：生物素也叫维生素 H，有助于巨量营养素的代谢，为身体补充能量，还有助于头发和指甲的健康。在巧克力、谷物、豆类和坚果中含量丰富。

叶酸：叶酸有助于脱氧核糖核酸（DNA）的生成，对孕妇尤为重要。在芦笋、西兰花、甜菜、扁豆和橘子中含量丰富。

烟酸：烟酸也叫维生素 B_3，有助于皮肤和神经系统的健康。在绿叶蔬菜、鳄梨、豆类、坚果和土豆中含量丰富。

泛酸：泛酸也叫维生素 B_5，有助于食物的新陈代谢。在鳄梨、西兰花、豆类、扁豆和蘑菇中含量丰富。

吡哆醇：吡哆醇也叫维生素 B_6，有助于脑部正常运转，思维清晰。在香蕉、豆类、坚果和全麦谷物中含量丰富。

硫胺素：硫胺素也叫维生素 B_1，有助于身体将碳水化合物转化为能量。在豆类、坚果和种子中含量丰富。

致　谢

> "今天是美妙的一天，这是我第一次与今天相遇。"
> ——玛雅·安吉罗（Maya Angelou）

我的心中充满感激！没有你们，我就不会成为现在的我。对此，我充满无限感恩，并想给予特别的感谢。妈妈，感谢你教给我努力工作、坚持不懈的重要性。阿尔弗雷多哥哥，感谢你实现梦想的勇气。詹妮弗姐姐，感谢你的爱、善良、积极向上和奉献精神。麦玛奶奶，感谢你的幽默、勇敢、善良和冒险精神。保罗叔叔，感谢你点燃了我的梦想之火。

特别感谢杰伊和贝贝，谢谢你们的友谊、爱和信任！感谢！

这本书是集体合作的结晶，衷心感谢各位同仁的帮助。

诚挚感谢我的出版人兼好友雷蒙德·加西亚，谢谢你相信我的能力并且在书籍出版前率先尝试植物性饮食革命（祝贺你成功减掉65磅）。

特别感谢桑德拉·巴克，你有一颗不可思议的好奇心，帮助我将思想转化为语言，谢谢你！真心感谢詹妮·舒斯特，你一边微笑一边督促我，帮我修改、校对（还帮我去掉了好多多余的惊叹号）。感谢艾琳、本、妮可、西德尼的精彩设计和善意。特别感谢我的好朋友马克·莱斐,谢谢你的友谊和信任。非常感谢我的植物性饮食革命营养团队,谢谢你们的辛勤付出、奉献和信任,相信我们能够做出改变。

特别感谢给我极大鼓舞的才华横溢的医生们:迪恩·奥尼什医生、尼尔·巴纳德医生、卡德维尔·艾索斯丁医生和柯林·坎贝尔医生,你们的研究帮助世界各地数以百万的人们达到了最佳健康状态。

最后,衷心感谢我最好的朋友玛丽莲、小马可、马泰奥和马克西莫,感谢你们的爱和陪伴,我爱你们!

出版后记

编辑此书的过程中,春雨医生的创始人张锐先生因突发心梗不幸去世,令人唏嘘。他曾是网易的副总编辑,也算半个同行,他曾负责的网易公开课也是我经常打开的 APP 之一。然而,对自己身体状况的不敏感,使他过早地离开了人世,没能看着自己的下一个梦想实现,身后留下一片震惊和惋惜。我也深受触动,在编辑之外,给自己布置了一个额外的任务,就是不时记下某位亲友的名字,等书出版后,要寄给对方。

如今,大多数人吃饭时不再纠结能否吃饱,而是能否吃好。这一个"好"字,因为每个人的口味不同,所以标准也各不相同。但无可否认,无论口味如何,"好"是隐含"健康"这层涵义的。这本书的作者结合科学研究的结论和自己的亲身实践,得出了"植物性饮食"这个标准。植物性饮食并不等同于大家所熟知的素食。正如作者所说:"如果你的祖先认不出你餐盘里的食品,就别吃它!"所以,薯片会进入素食者的口中,恪守植物性饮食原则的人们却不认同。作者自己践行了近十年,也充分证明了这种饮食的可持续性。

我吃东西是比较随性的,会拿根芹菜生着吃,也会津津有味地啃猪蹄,并不会去思虑营养均衡与否、能量摄入是否超标。我想,这也是大多数人的饮食方式。我相信食物越新鲜越好,自己越想吃越好,吃得越慢越好。其他硬性规定,我暂时难以遵从。但这本书还是要推荐给亲友,因为作者传达了正确理念，他对健康事业的热情也让人深受感染。书中那个事业有成、家庭幸福，却失眠、焦虑的父亲，对着担心自己的儿子说"我很好"的情景一直难以忘怀。

很多人其实能意识到自己的身体状况正变得越来越糟，甚至陷入了恶性循环，但出于生活的惯性，会给自己找各种理由，拒绝对自己的身体负责。因为责任意味着付出，对自己的身体负责，意味着不能再"享受"食物，不能再"享受"生活。如果将零食当饭吃、经常大鱼大肉，对你来说是"享受"食物；如果每天最大的运动量就是从家走到车库、下班就回家追剧，对你来说是"享受"生活，我只能说，我们对"享受"的定义不同。相信我，这样的生活方式若不改变，年轻时可能毫无所觉，但随着年岁渐长、新陈代谢速度放缓，你的身体和精神状态会对你发出警告。

书中提到："减肥成功 75% 靠饮食，25% 靠锻炼。"美国作为发达国家，肥胖人口比例居高不下。而我们国家随着富裕的人越来越多，肥胖人群的规模也在不断扩大，其中尤其令人忧心的是儿童。如何抵制肥胖，这本书指出了明确了方向，给出了具体的做法。尝试一下，每天吃得更健康一些，多动一动，疾病就会离你更远，也会影响到你周围的人。如果希望孩子健康，父母首先要以身作则。如果希望父母健康，子女首先要照顾好自己，才有余力去关心父母。

现在就动起来吧，从书里面最简单的蔬果汁做起！

服务热线：133-6631-2326　188-1142-1266

服务信箱：reader@hinabook.com

后浪出版公司

2017 年 1 月

图书在版编目（CIP）数据

植物性饮食革命：22天改造身体、重塑习惯/（美）马可·博尔赫斯著；赵燕飞译.--北京：北京联合出版公司，2017.7

ISBN 978-7-5596-0085-1

Ⅰ.①植… Ⅱ.①马…②赵… Ⅲ.①水果—食物疗法—食谱②蔬菜—食物疗法—食谱 Ⅳ.① R247.1 ② TS972.161

中国版本图书馆 CIP 数据核字（2017）第 072244 号

Copyright © Marco Borges, 2015
Foreword copyright © Beyoncé Knowles Carter, 2015
Introduction copyright © Dr. Dean Ornish, 2015
Illustrations accompanying The 22-Day Revolution Exercise Routine and Power Foods: Nicole Hitchens
Photography for the Plant-Based Proteins chart: Ben Coppelman
Photo insert: Concept and photography by Ben Coppelman
Photography styling: Arlene Delgado and Ben Coppelman
All rights reserved including the right of reproduction in whole or in part in any form.
This edition published by arrangement with Celebra, an imprint of Penguin Publishing Group, a division of Penguin Random House LLC.

本书中文简体版权归属于银杏树下（北京）图书有限责任公司。

植物性饮食革命：22天改造身体、重塑习惯

作　　者：[美]马可·博尔赫斯	译　　者：赵燕飞
选题策划：后浪出版公司	出版统筹：吴兴元
特约编辑：徐　娇	责任编辑：管　文
营销推广：ONEBOOK	装帧制造：7拾3号工作室

北京联合出版公司出版
（北京市西城区德外大街83号楼9层　100088）
北京京都六环印刷厂印刷　新华书店经销
字数200千字　690毫米×960毫米　1/16　16.5印张　插页16
2017年7月第1版　2017年7月第1次印刷
ISBN 978-7-5596-0085-1
定价：42.00元

后浪出版咨询（北京）有限责任公司常年法律顾问：北京大成律师事务所　周天晖 copyright@hinabook.com
未经许可，不得以任何方式复制或抄袭本书部分或全部内容
版权所有，侵权必究

本书若有质量问题，请与本公司图书销售中心联系调换。电话：010-64010019